高等职业教育创新规划教材

机械制图习题集

冯邦军　主编　　　　易江平　邓　玲　副主编
周　荃　主审

JIXIE ZHITU
XITIJI

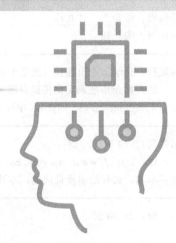

·北京·

内 容 简 介

本习题集结合当前我国高等职业教育"三教"改革精神，采用最新国家制图标准编写，与冯邦军主编的《机械制图》教材配套使用，内容体系和编排顺序保持一致。本习题集题型丰富，包含了选择题、判断题、改错题、思考题以及课堂讨论互动题等题型，使学生在有限的时间内，能够完成更多的练习，更好地掌握制图基本技能，提高学习效果，提高思维判断能力。本书可作为高等职业教育、成人教育、中等职业教育的工科类专业学生的教材，也要供其他相关专业学生选用。

图书在版编目（CIP）数据

机械制图习题集/冯邦军主编.—北京：化学工业出版社，2021.8(2023.10重印)
高等职业教育创新规划教材
ISBN 978-7-122-39357-9

Ⅰ.①机… Ⅱ.①冯… Ⅲ.①机械制图-高等职业教育-习题集
Ⅳ.①TH126-44

中国版本图书馆 CIP 数据核字（2021）第 118142 号

责任编辑：潘新文　甘九林　　　　　　　　　　装帧设计：王晓宇
责任校对：宋　玮

出版发行：化学工业出版社（北京市东城区青年湖南街13号　邮政编码100011）
印　　装：涿州市般润文化传播有限公司
787mm×1092mm　1/16　印张 8　字数 160 千字　2023 年 10 月北京第 1 版第 2 次印刷

购书咨询：010-64518888　　　　　　　　　　售后服务：010-64518899
网　　址：http://www.cip.com.cn
凡购买本书，如有缺损质量问题，本社销售中心负责调换。

定　　价：29.80元　　　　　　　　　　　　　　　　　　　　　版权所有　违者必究

前言 PREFACE

  本习题集与冯邦军主编的《机械制图》教材配套使用，习题集中的习题内容编排顺序与主教材内容完全对应。本习题集按照机械制图最新国家标准编写，每章的题量适中，难度安排上由易到难，内容由浅入深，前后识图绘图习题有机衔接，练习题型丰富，不仅包含有画图、填空、改错、选择等传统题型，而且还安排了课堂互动题等，教师边讲，学生边做边练，师生互动讨论，达到更好的教学效果。全书贯彻"做学一体"的职业教育创新理念，使学生在有限的学习时间内，能够更有效地掌握机械制图基本技能，提高学习效果，提高立体空间思维判断能力。本习题集将读图能力的训练作为基本技能训练贯穿本书全过程，识读和绘制零件图相辅相成。

  本习题集可作为高等职业教育、成人教育、中等职业教育的工科类专业的机械制图教材配套习题集，也可供其他相关专业选用。

  本习题集由冯邦军主编，易江平、邓玲任副主编，梁兴建参加编写，全书由周荃主审。由于编写时间仓促，加之水平所限，存在不足和疏漏之处，敬请广大读者批评指正。

编者

2021 年 5 月

目录
CONTENTS

第一章　制图基本知识 ··· 1

第二章　正投影法 ·· 11

第三章　基本体及表面交线 ·· 22

第四章　轴测图画法 ·· 33

第五章　组合体画法 ·· 41

第六章　机件的画法 ·· 59

第七章　标准件的画法 ·· 80

第八章　技术要求的标注 ··· 91

第九章　零件图与装配图 ··· 97

第十章　零部件测绘 ·· 120

参考文献 ·· 123

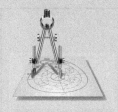

第一章
制图基本知识

1-1 字体（一）

数字及字母练习

0123456789ØR

ABCDEFGHIJKLMNOPQRSTUVWXYZ

abcdefghijklmnopqrstuvwxyz

1-2 字体（二）

仿宋字练习

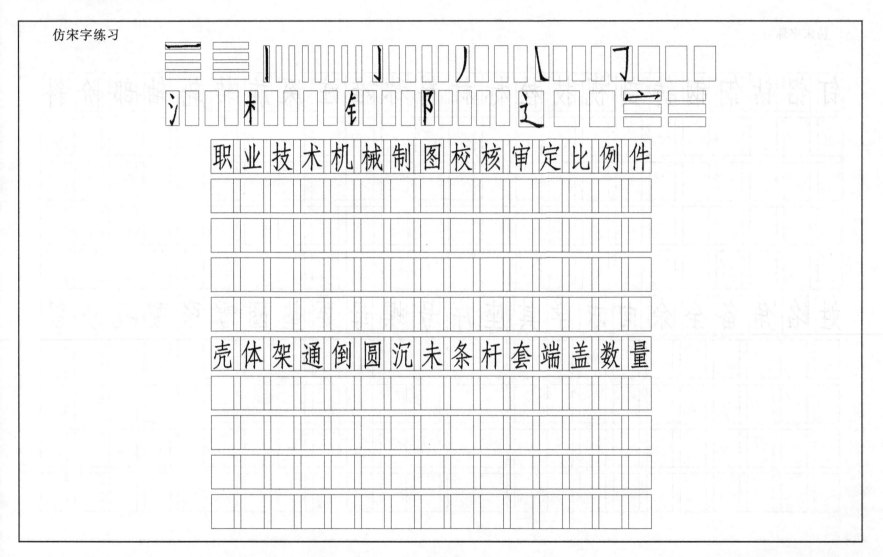

第一章 制图基本知识

1-3 字体（三）

仿宋字练习

钉铝钻铜钢铸剖视技栓标材料称准注深旋转轮轴部阶斜

姓名角备全余向求学其座序号螺母要垫圈零张配孔班级

1-4 尺寸标注练习（一）需标数值按1：1从图中度量，取整数

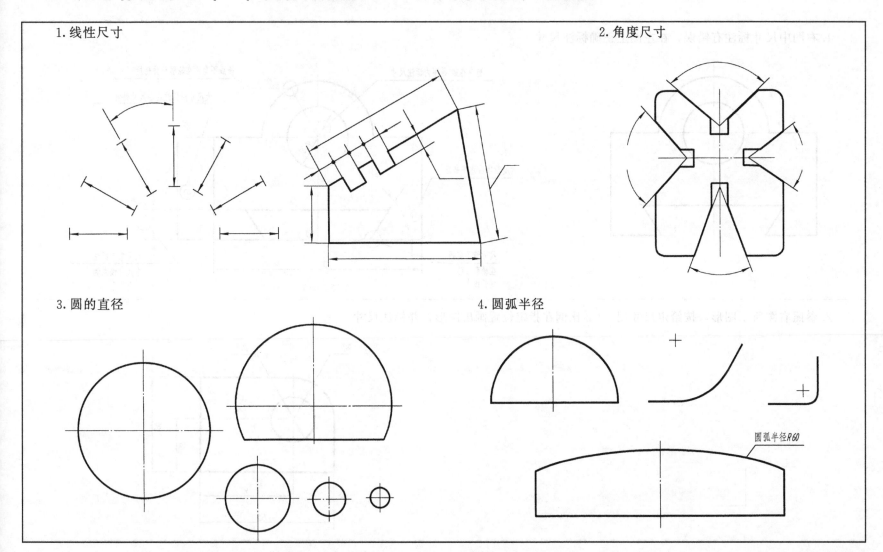

1-5 尺寸标注练习（二）

1. 右图中尺寸标注有错误，在左图上正确标注尺寸

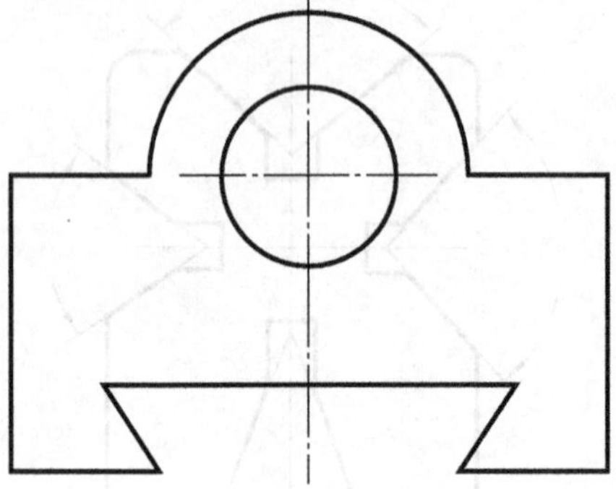

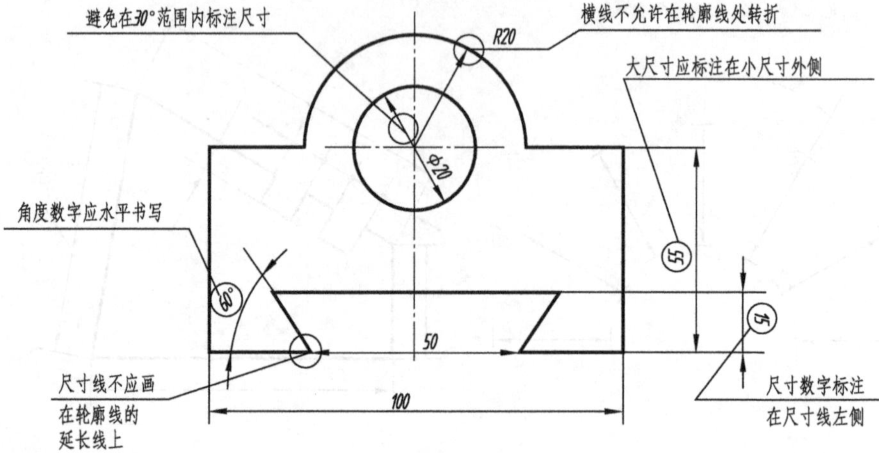

避免在30°范围内标注尺寸
横线不允许在轮廓线处转折
R20
大尺寸应标注在小尺寸外侧
Φ20
角度数字应水平书写
60°
55
15
50
尺寸线不应画
在轮廓线的
延长线上
100
尺寸数字标注
在尺寸线左侧

2. 参照右图所示图形，按给定尺寸用 1∶2 比例在指定位置画出图形，并标注尺寸

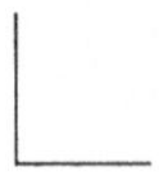

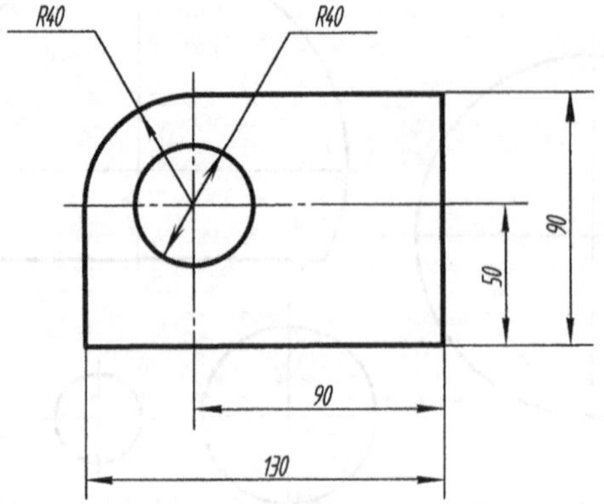

R40
R40
90
50
90
130

1-6 几何作图（一）

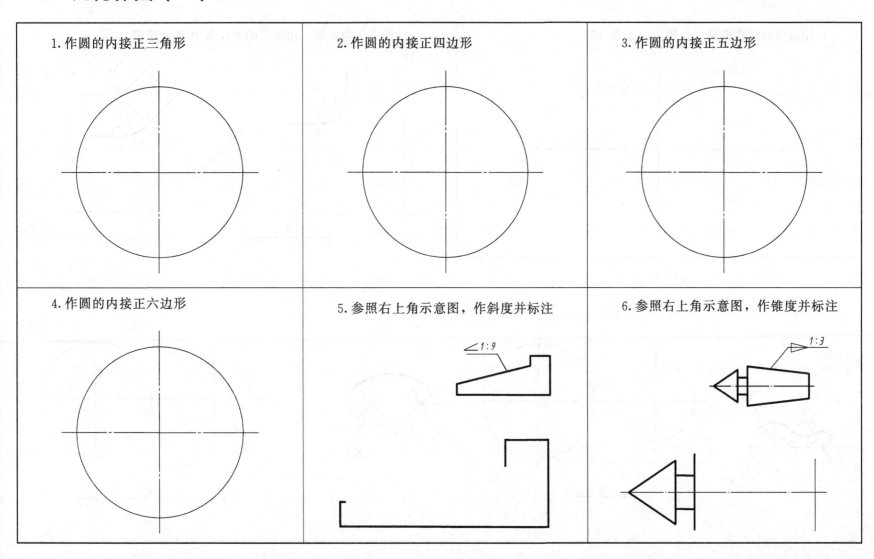

1-7 几何作图（二）标出连接圆弧圆心和切点（保留作图线）

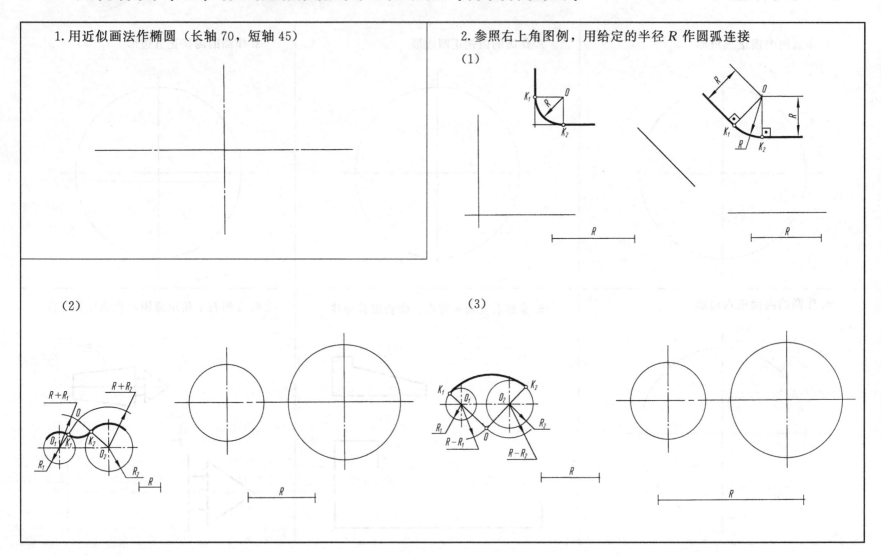

1-8 第一次作业——基本练习

一、目的、内容与要求

1. 目的、内容：初步掌握国家标准《机械制图》、《技术制图》的有关内容，学会绘图仪器和工具的使用方法。抄画：（一）线型，不注尺寸；（二）零件轮廓，在下页两个分题中任选一个，并标注尺寸。

2. 要求：图形正确，布置适当，线型规范，字体工整，尺寸齐全，符合国家标准，连接光滑，图面整洁。

二、图名、图幅、比例

1. 图名：基本练习。
2. 图幅：A4 图纸。
3. 比例：1∶1。

三、步骤及注意事项

1. 绘图前应对所画图形仔细分析研究，以确定正确的作图步骤，特别要注意零件轮廓线上圆弧连接的各切点及圆心位置必须正确作出，在图面布置时，还应考虑预留标注尺寸的位置。

2. 线型：粗实线宽度为 0.7mm，细虚线和细实线宽度为粗实线的 1/2，细虚线每一画长度约 3～4mm，间隙为 1mm，点画线每段长 15～20mm，间隔及作为点的短画共约 3mm。

3. 字体：图中汉字均按长仿宋体书写，图中尺寸数字写 3.5（或 5）号字。

4. 箭头：长度按图线宽度的 6 倍左右画。

5. 加深：完成底稿后，用铅笔加深。圆规的铅芯应比画直线的铅笔软一号。在加深前，必须进行仔细校核。

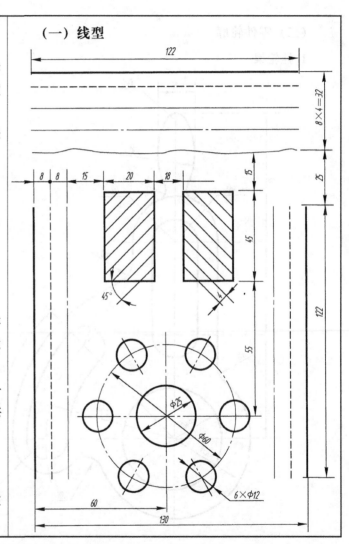

(一) 线型

第一章 制图基本知识

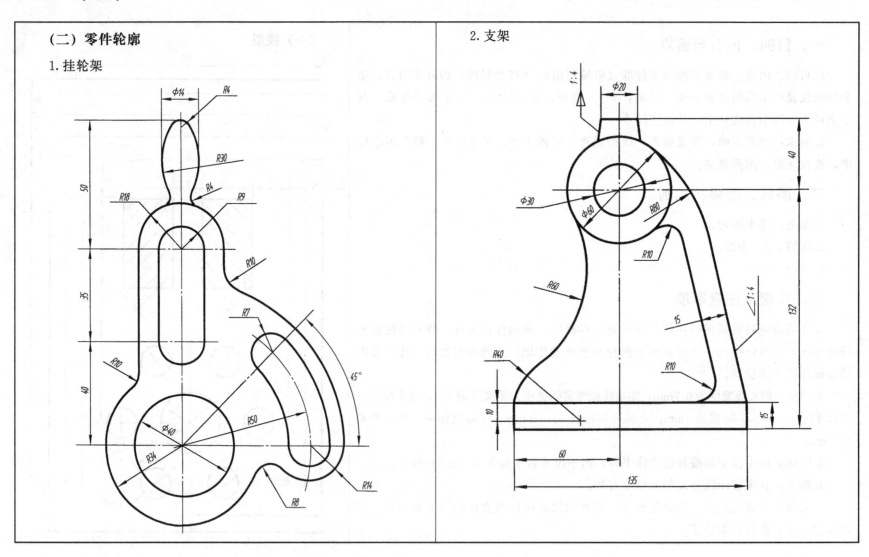

第二章
正投影法

2-1 根据立体图补画三视图中漏画的图线并填空回答问题

1.

（主视图）　（左视图）　（俯视图）

主视图与俯视图长_____　主视图与左视图高_____

俯视图与左视图宽_____

2.

比较上下：A 面在_____

　　　　　B 面在_____

比较左右：C 面在_____

　　　　　D 面在_____

比较前后：E 面在_____

　　　　　F 面在_____

3. 在尺寸线括号中填写长、宽、高

A 面平行于_____投影面

B 面平行于_____投影面

C 面垂直于_____投影面

_____投影面投影积聚成直线

4.

比较前后：A 面在_____ B 面在_____

A 面与 B 面平行于_____投影面

C 面垂直于_____投影面

_____投影面投影积聚成直线

2-2 观察物体的三视图，在立体图中找出相对应的物体，填写对应的序号

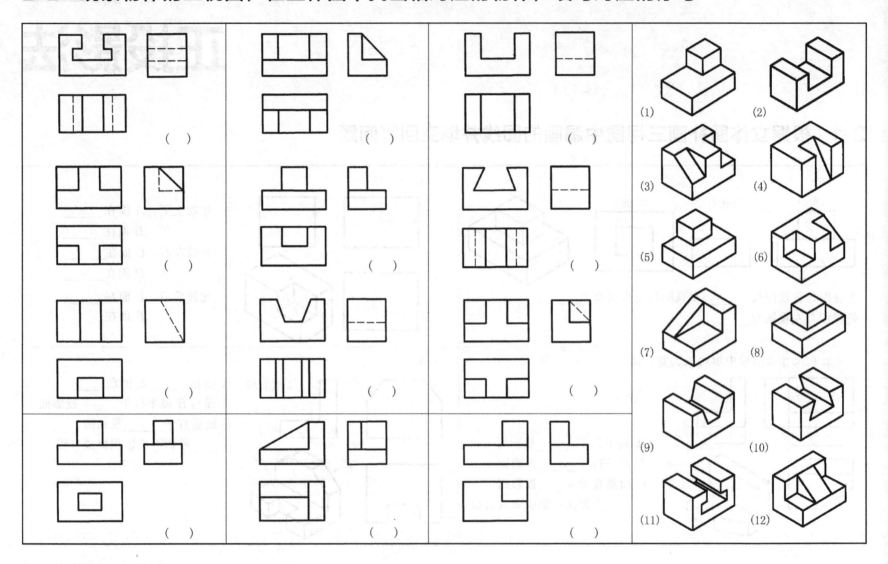

2-3 根据给出的视图轮廓想象物体形状，补画所缺图线 【课堂互动讨论】

1.
2.
3.
4.
5.
6.
7.
8.
9. 有多种答案，任取其一

2-4 点的投影（一）

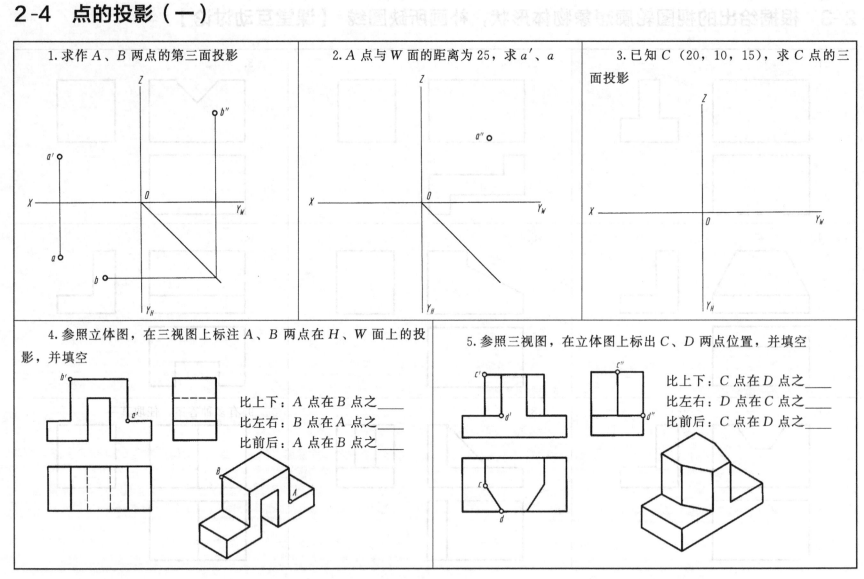

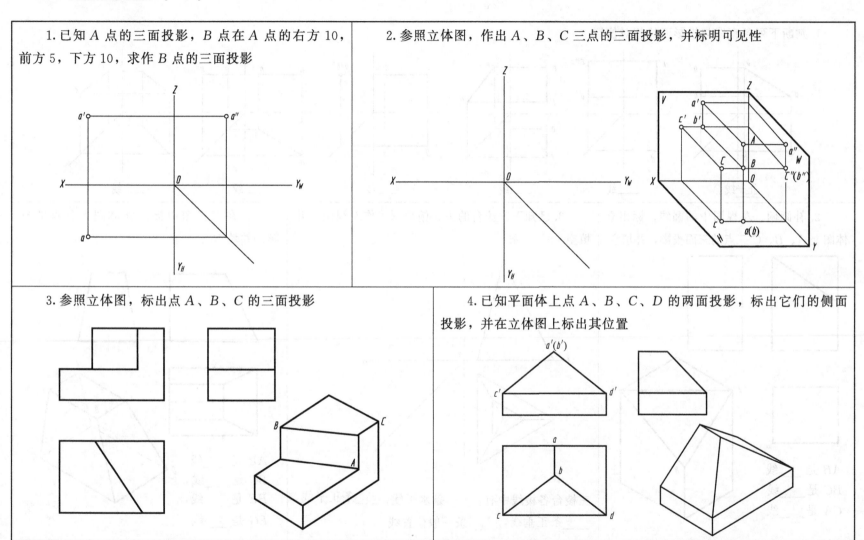

2-6 直线的投影（一）

1. 判断下列各直线与投影面的相对位置

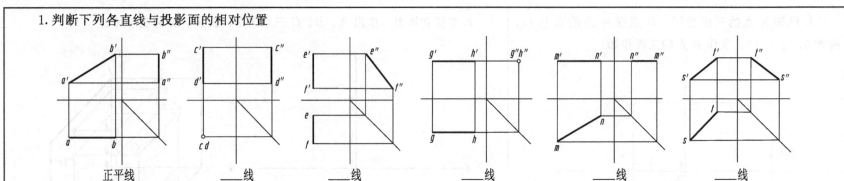

正平线　　　____线　　　____线　　　____线　　　____线　　　____线

2. 补画俯、左视图中的漏线，标出立体图上 A、B、C 三点的三面投影，并填空

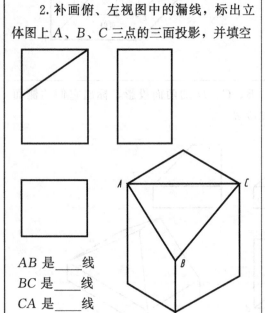

AB 是____线
BC 是____线
CA 是____线

3. 已知正三棱台的主、俯视图，作左视图，并填空

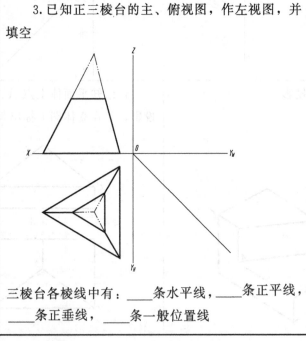

三棱台各棱线中有：____条水平线，____条正平线，____条正垂线，____条一般位置线

4. 在三视图中标出立体图上各点的投影，并填空

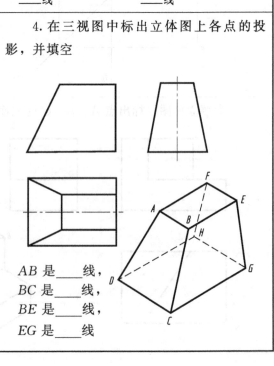

AB 是____线，
BC 是____线，
BE 是____线，
EG 是____线

2-7 直线的投影（二）

1. 求作直线 AB、CD 的三面投影，点 B 距 H 面 20，点 C 距 V 面 8

2. 由已知点作直线的三面投影，作铅垂线 AB＝10，作正平线 CD＝15，α＝30°

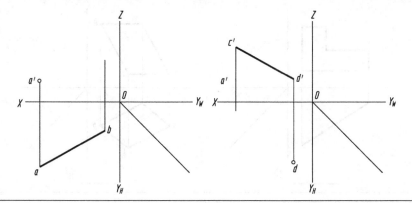
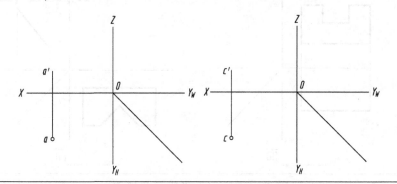

3. 补画俯视图中的漏线，标出直线 AC、BC、CD、AE、BF、ED、DF 的三面投影，并填空

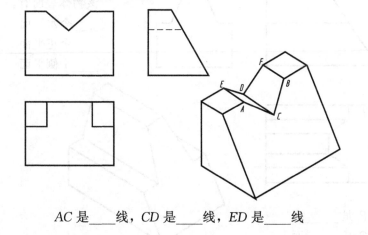

AC 是___线，CD 是___线，ED 是___线

4. 补画俯、左视图中的漏线，标出直线 AB、CD、BD、BE 的三面投影，并填空

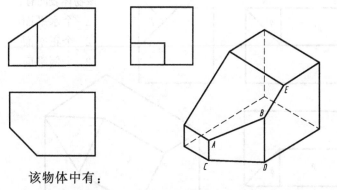

该物体中有：
___条正平线，___条正垂线，___条水平线
___条铅垂线，___条侧垂线，___条一般位置直线

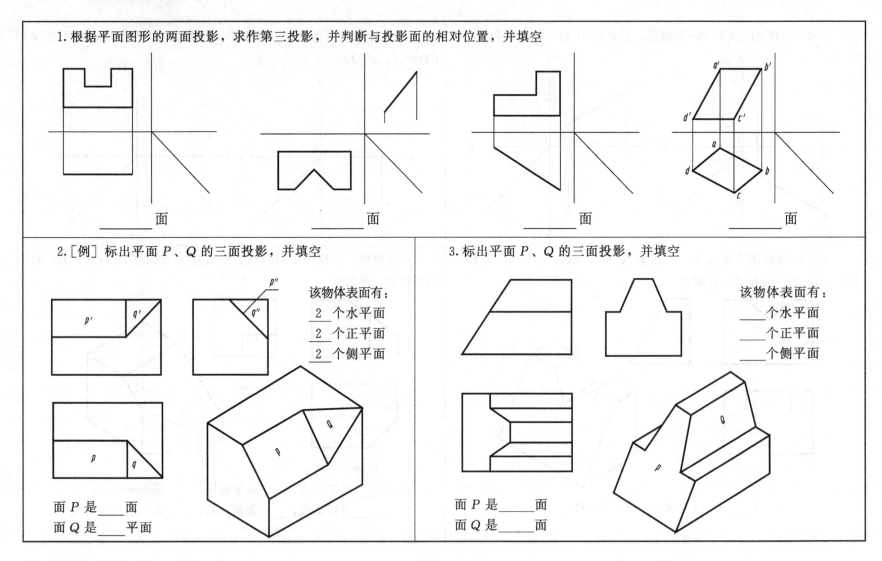

2-9 平面的投影（二）在三视图和立体图上，标出指定平面的另外两面投影，并填空

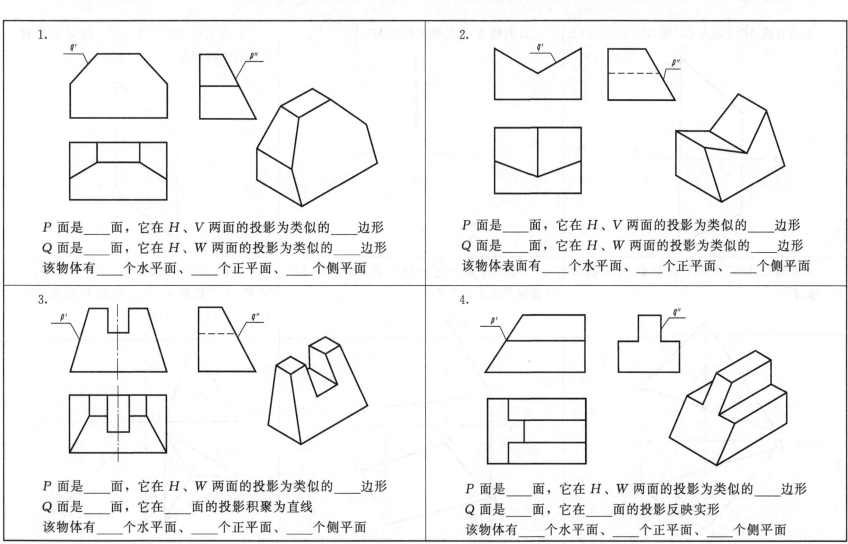

1.
P 面是____面，它在 H、V 两面的投影为类似的____边形
Q 面是____面，它在 H、W 两面的投影为类似的____边形
该物体有____个水平面、____个正平面、____个侧平面

2.
P 面是____面，它在 H、V 两面的投影为类似的____边形
Q 面是____面，它在 H、W 两面的投影为类似的____边形
该物体表面有____个水平面、____个正平面、____个侧平面

3.
P 面是____面，它在 H、W 两面的投影为类似的____边形
Q 面是____面，它在____面的投影积聚为直线
该物体有____个水平面、____个正平面、____个侧平面

4.
P 面是____面，它在 H、W 两面的投影为类似的____边形
Q 面是____面，它在____面的投影反映实形
该物体有____个水平面、____个正平面、____个侧平面

2-10 点在平面上的投影作图

1. 在直线 AB 上求点 C，使 AC∶CB＝3∶2

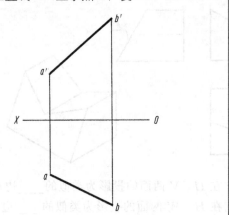

2. 判断 K 点是否在直线 AB 上

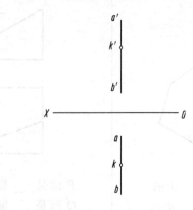

3. 在直线 CD 上求点 E，使 E 点与 H、V 面的距离相等

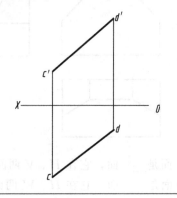

4. 已知△ABC 平面上点 D 的 H 面投影 d，求 d′

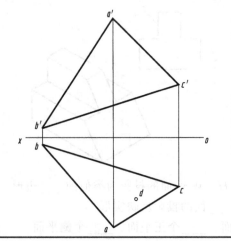

5. 完成平面 ABCD 的 V 面投影，并过点 D 作该平面上的水平线

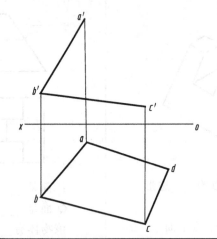

6. 已知正三棱锥的 H、V 面投影，点 M 的 H 面投影 m 和点 N 的 V 面投影 n′，求作它们的 W 面投影

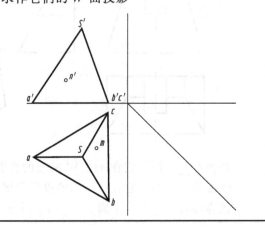

*2-11 求直线的实长和平面的实形 【课堂讨论互动】

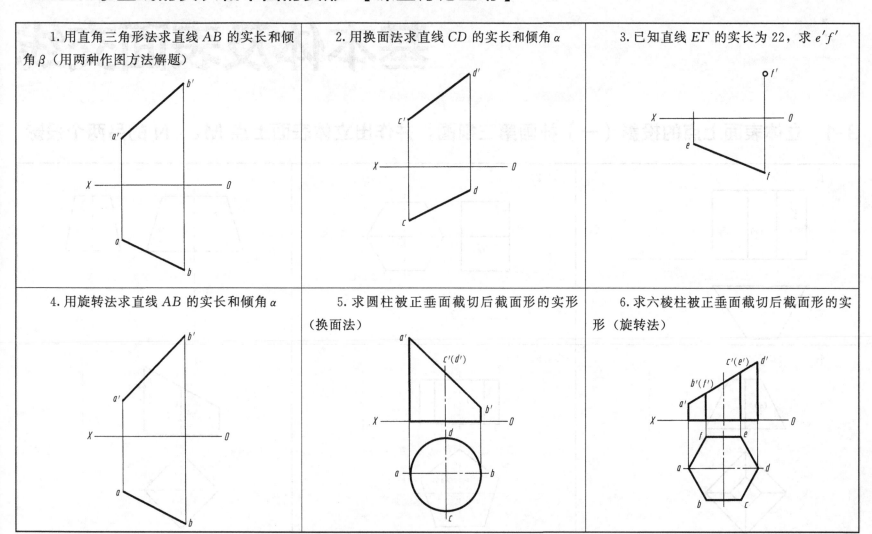

第三章
基本体及表面交线

3-1 立体表面上点的投影（一）补画第三视图，并作出立体表面上点 M、N 的另两个投影

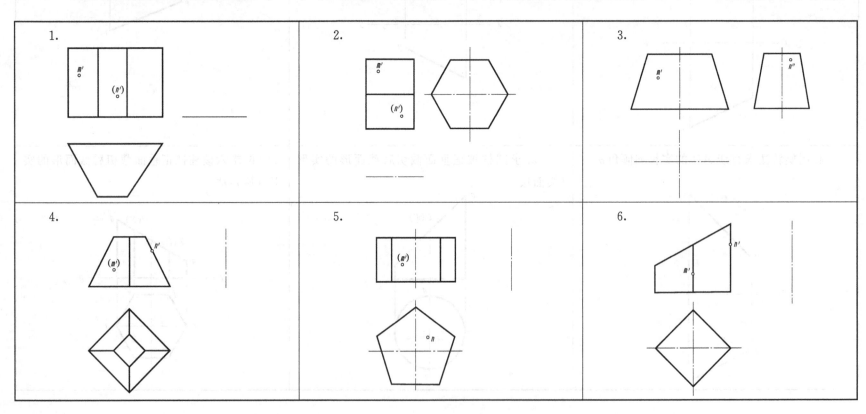

3-2 立体表面上点的投影（二）补画第三视图，并作出立体表面上点 M、N 的另两个投影

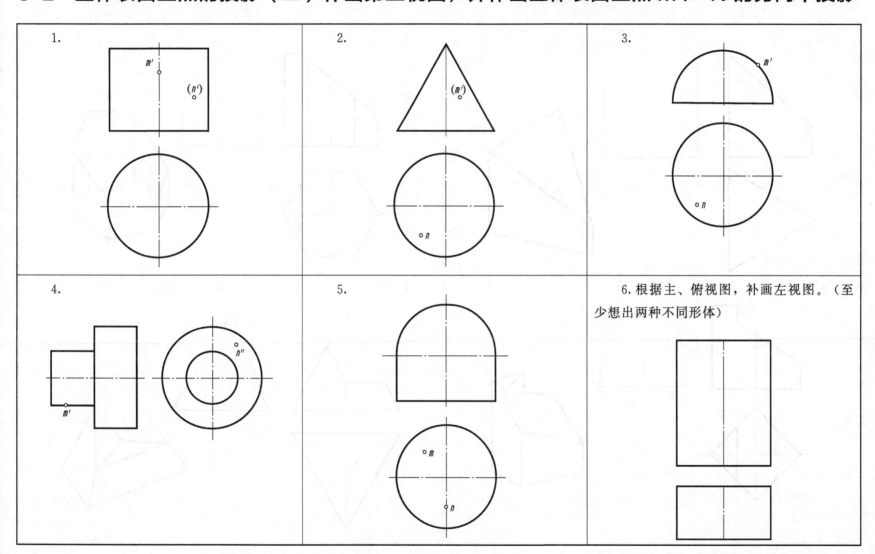

3-3 平面切割体分析截交线的投影，参照立体图补画第三视图

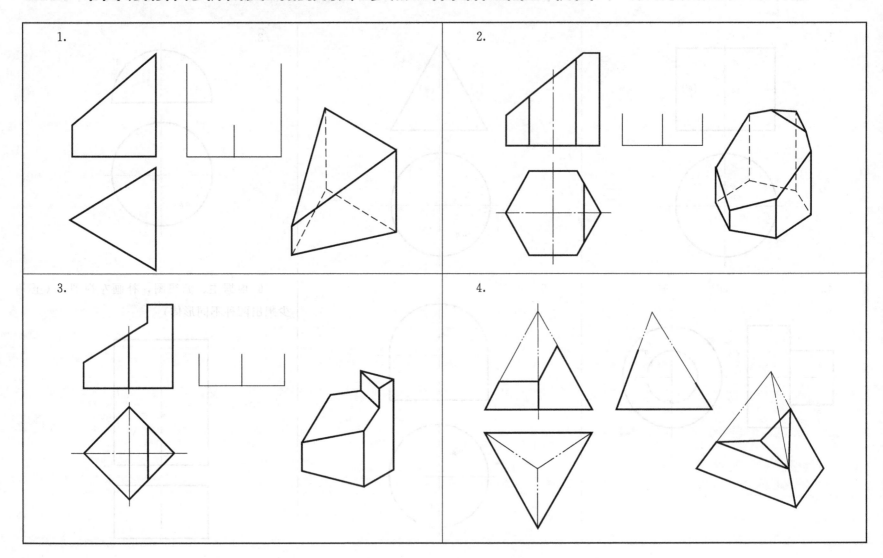

3-4 看图练习

1. 选择与三视图对应的立体图编号，填入括号内

2. 选择与主视图对应的俯视图及立体图的编号，填入表格内

主视图	俯视图	立体图
①		
②		
③		
④		
⑤		
⑥		
⑦		
⑧		

3-5 完成曲面切割体的投影（一）

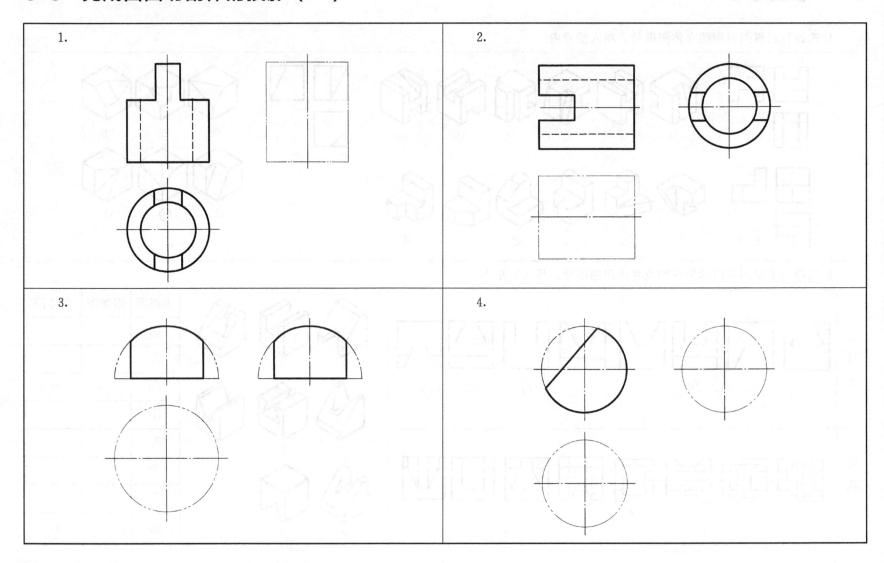

3-6 完成曲面切割体的投影（二）

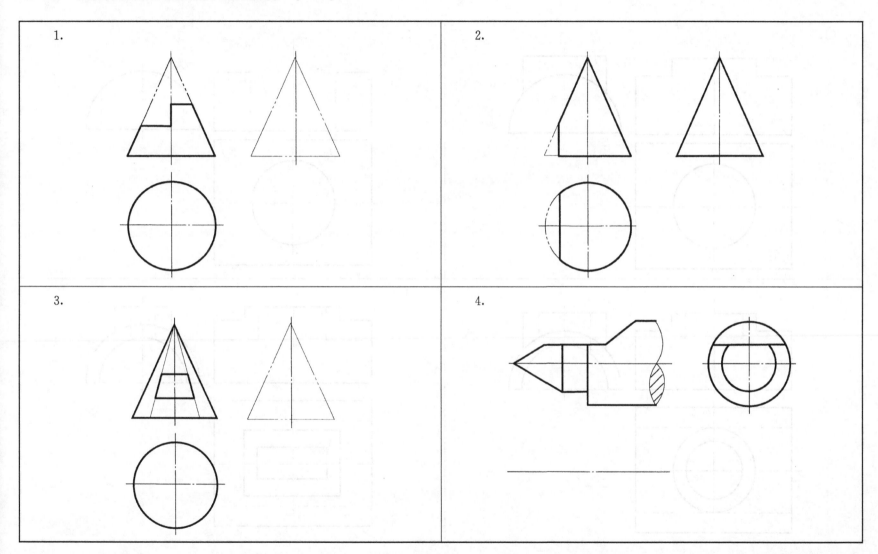

3-7 补全相贯线的投影（一）

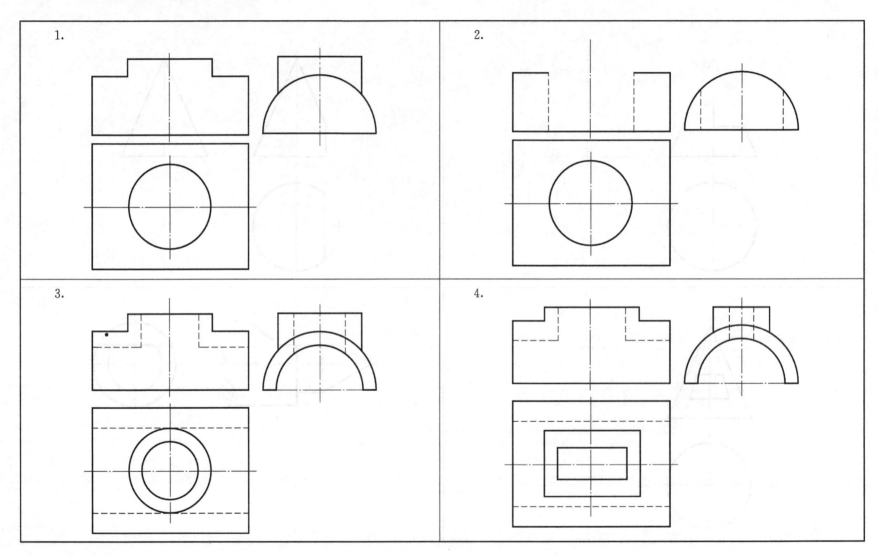

3-8 补全相贯线的投影（二）(任选 1、3、5 或 2、4、6，可用简化画法画出)

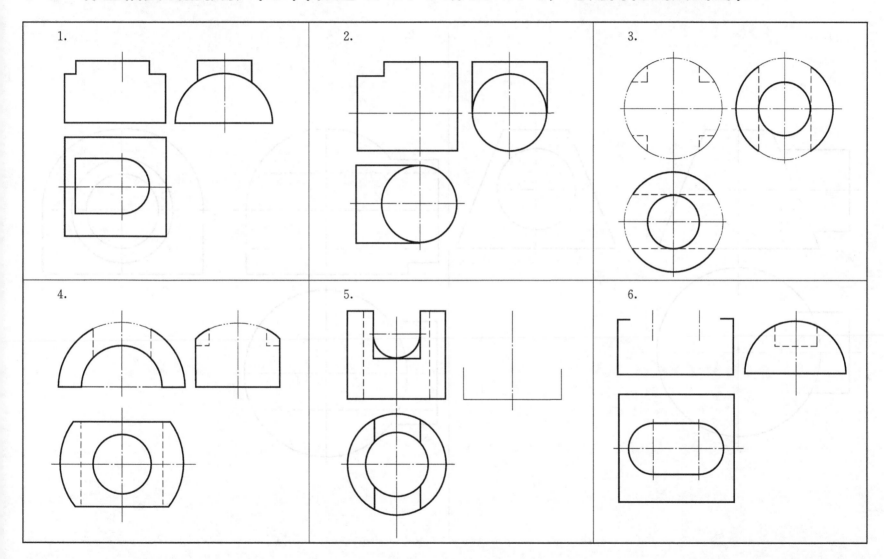

* 3-9 补全相贯线的投影（三）

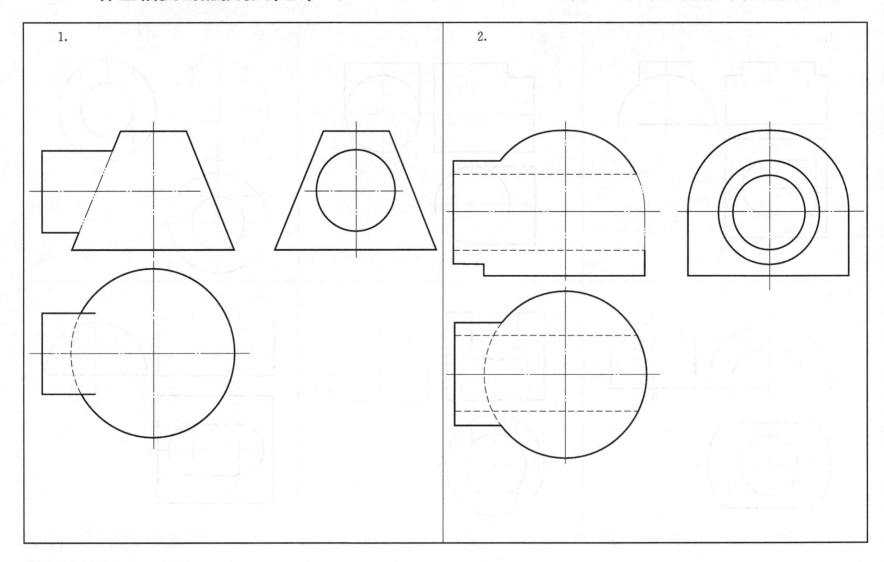

3-10 已知主、俯视图，选择正确的左视图，在括号内画"√"【课堂讨论互动】

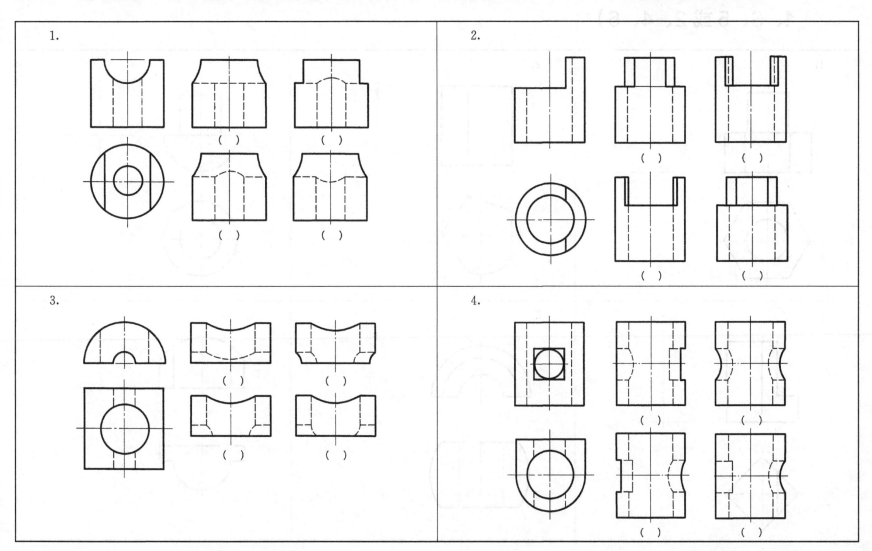

3-11 已知基本形体的两视图,补画第三视图,并标注尺寸线和尺寸界线,不写数字(任选 1、3、5 或 2、4、6)

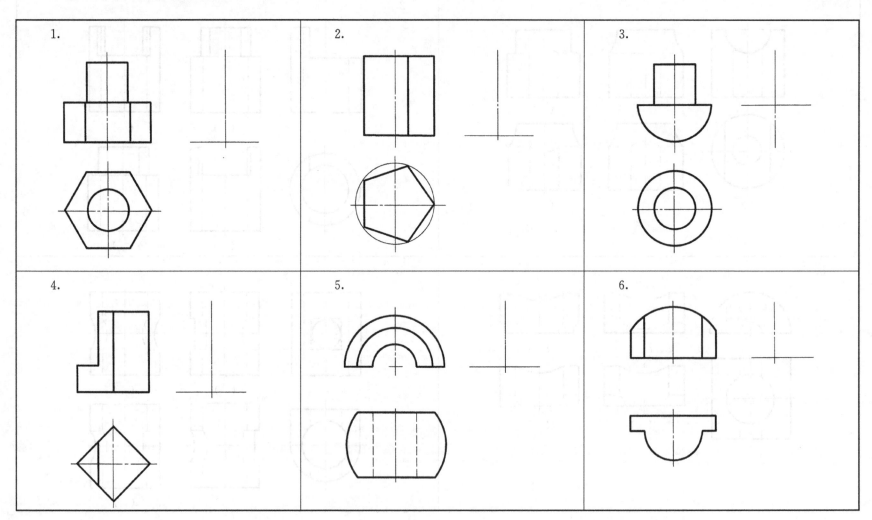

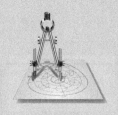

第四章
轴测图画法

4-1 由视图画正等轴测图，补画 2、3、4 题视图中所缺的图线

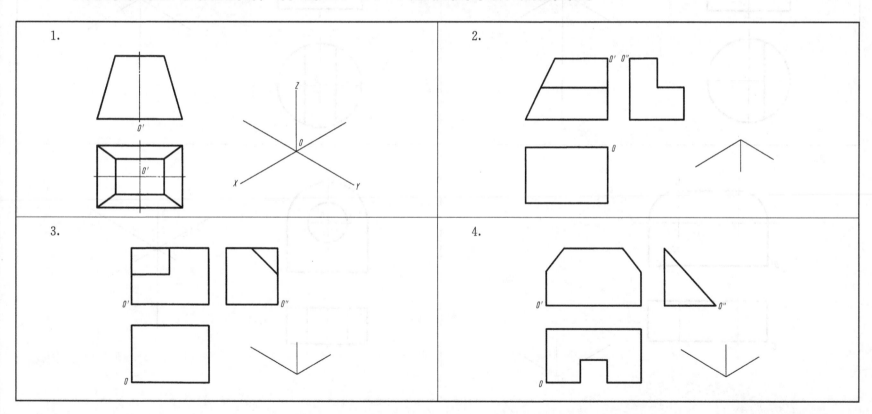

4-2 由视图画正等轴测图

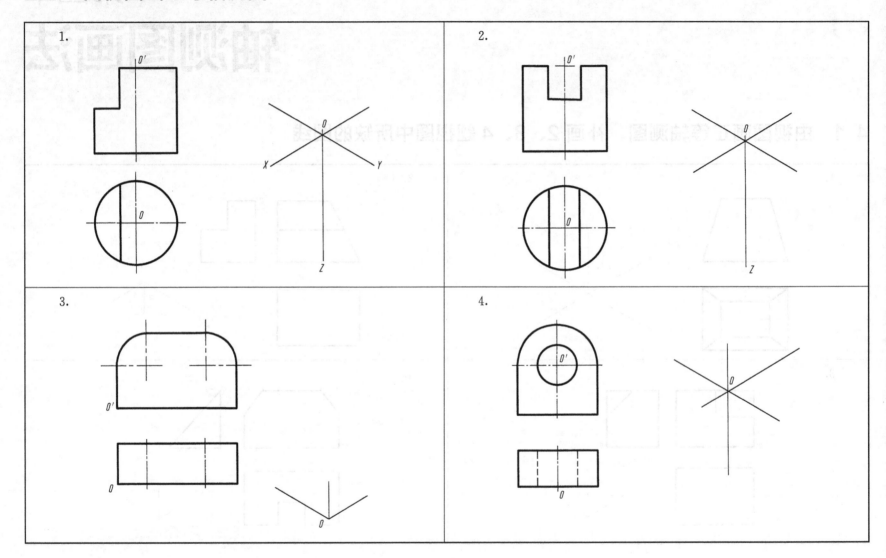

4-3 由视图画斜二轴测图

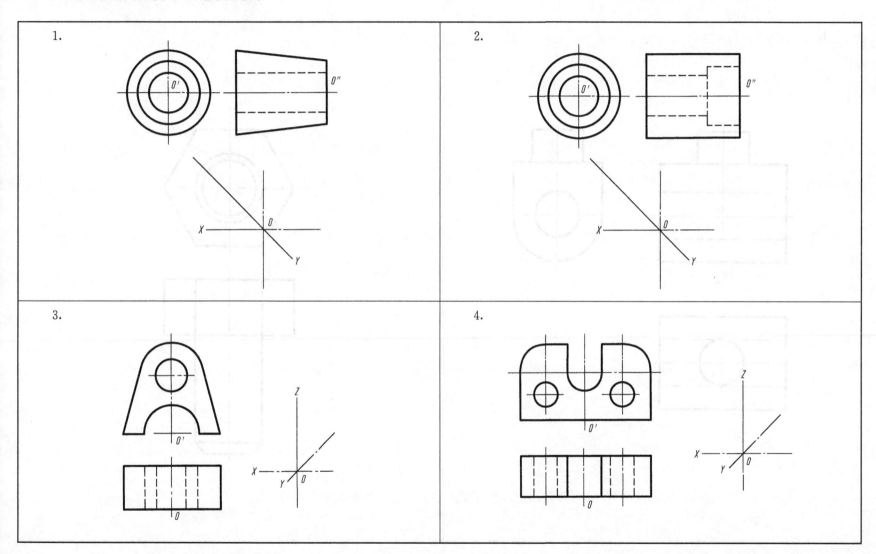

4-4 由视图画轴测图（选择正等测或斜二测）

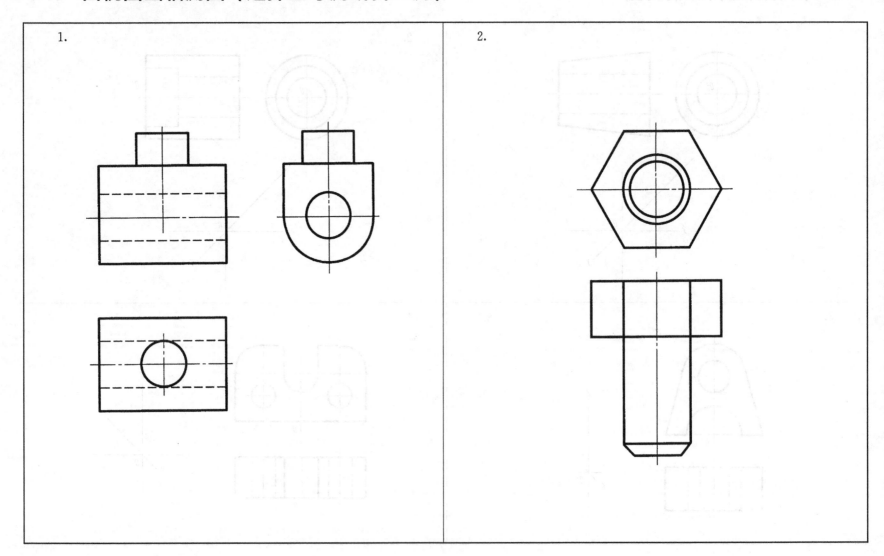

4-5 徒手作图基本练习

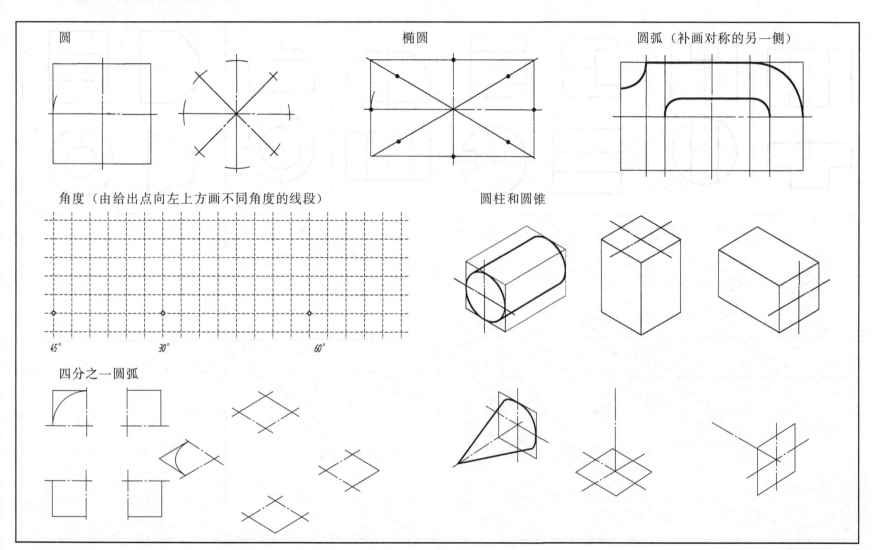

4-6 由视图徒手画轴测草图

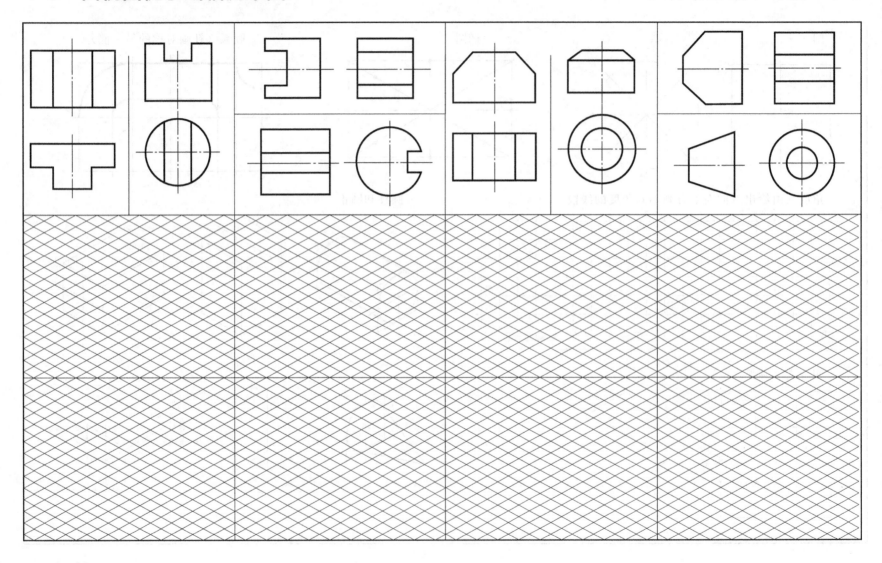

4-7 补画视图中的漏线（在给出该立体的轴测图轮廓内徒手完成轴测草图）

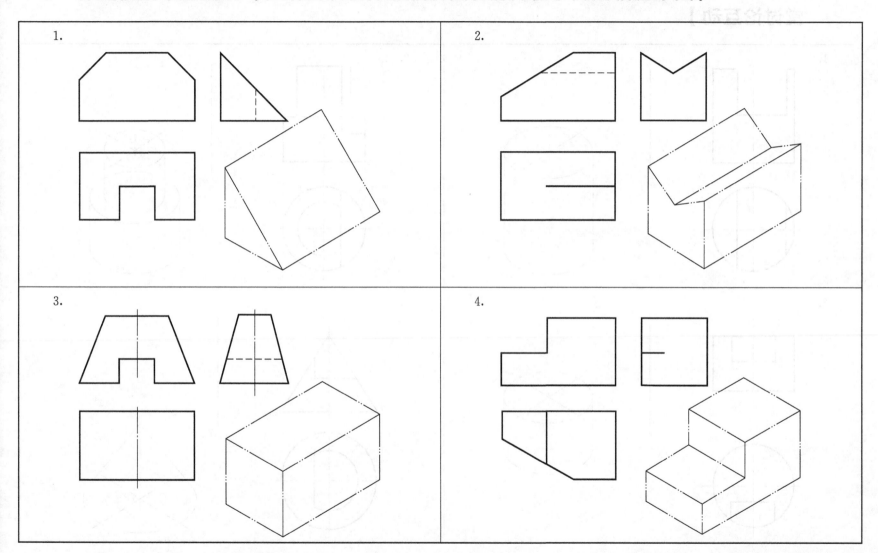

4-8 补画回转体被切割后的另一视图,并在该立体的轴测图轮廓内徒手完成轴测草图 【课堂讨论互动】

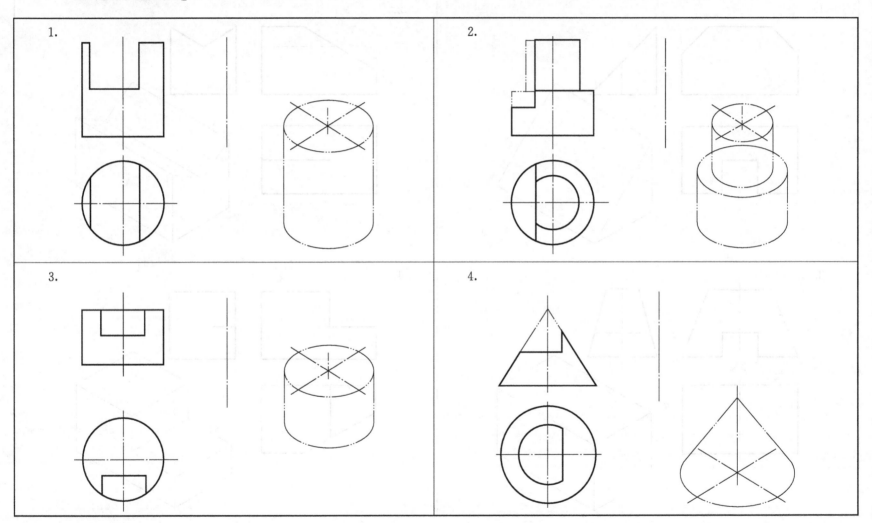

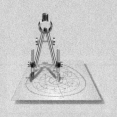

第五章
组合体画法

5-1 参照立体示意图，补画三视图中的漏线（一）

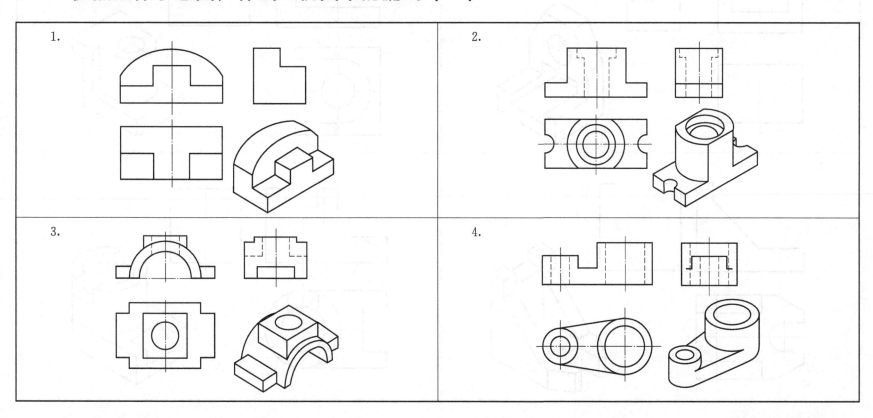

5-2 参照立体示意图，补画三视图中的漏线（二）

5-3 补画下列组合体表面交线

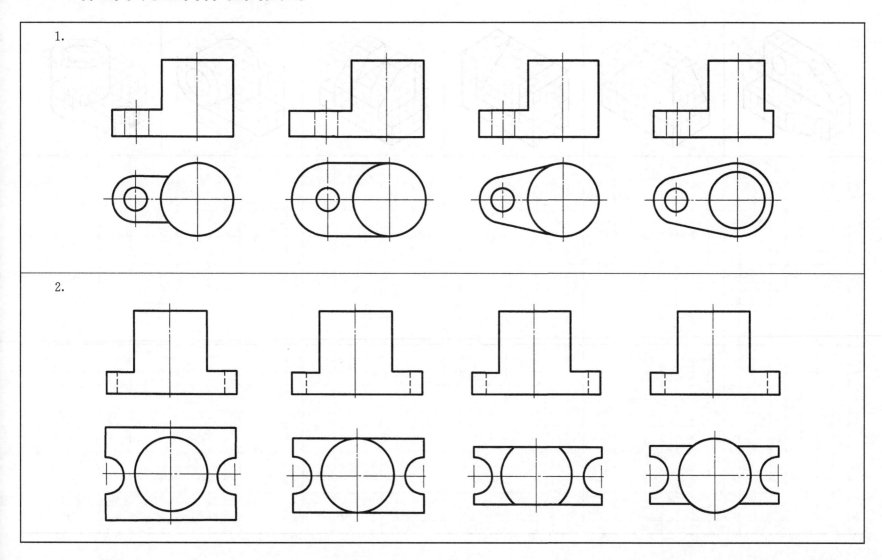

5-4 根据轴测图徒手画出三视图

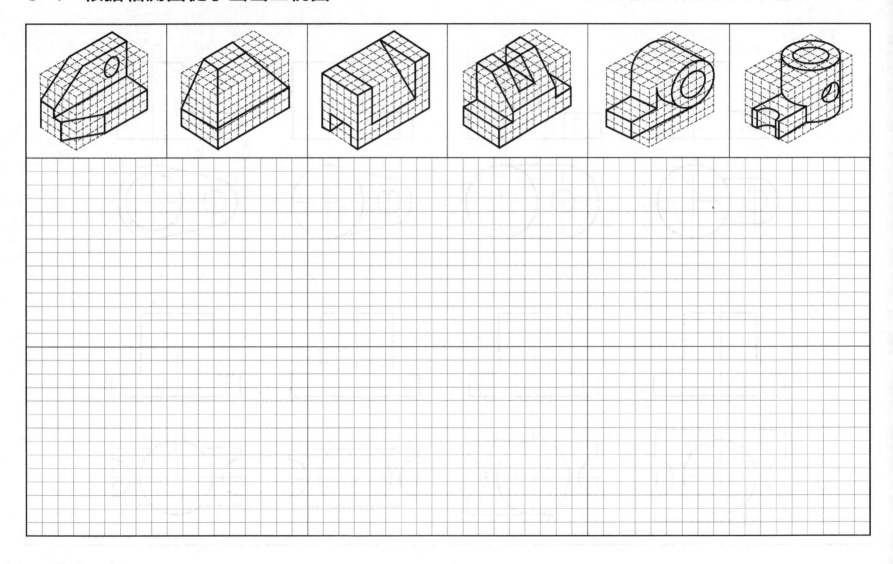

5-5 参照立体示意图和给定的视图补画其他视图

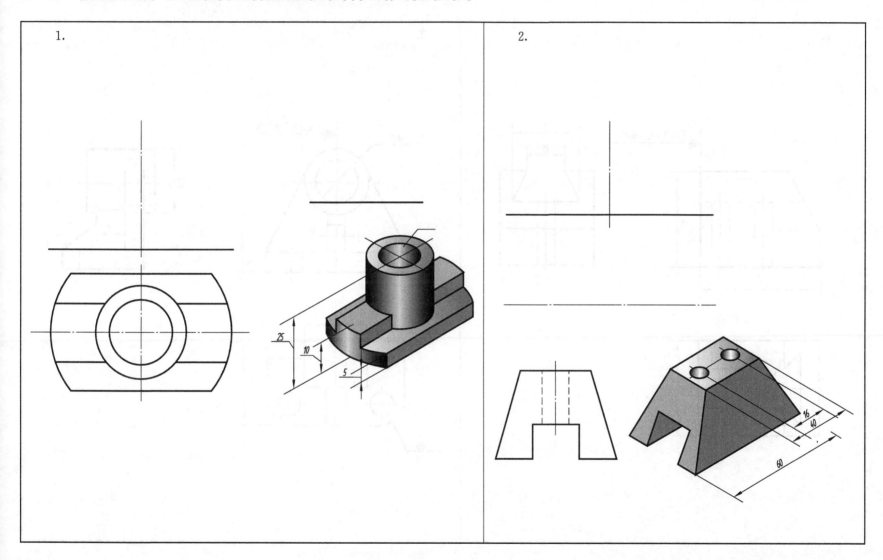

5-6　用符号▲标出宽度、高度方向尺寸主要基准，并补注视图中遗漏的尺寸（不注数值）

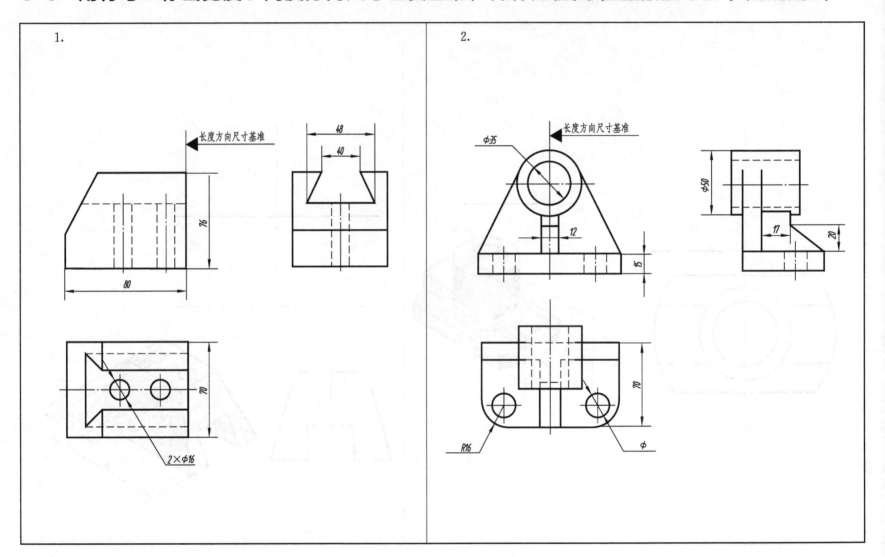

5-7 标注组合体的尺寸，数值从视图中量取（取整数），并标出尺寸基准 【课堂讨论互动】

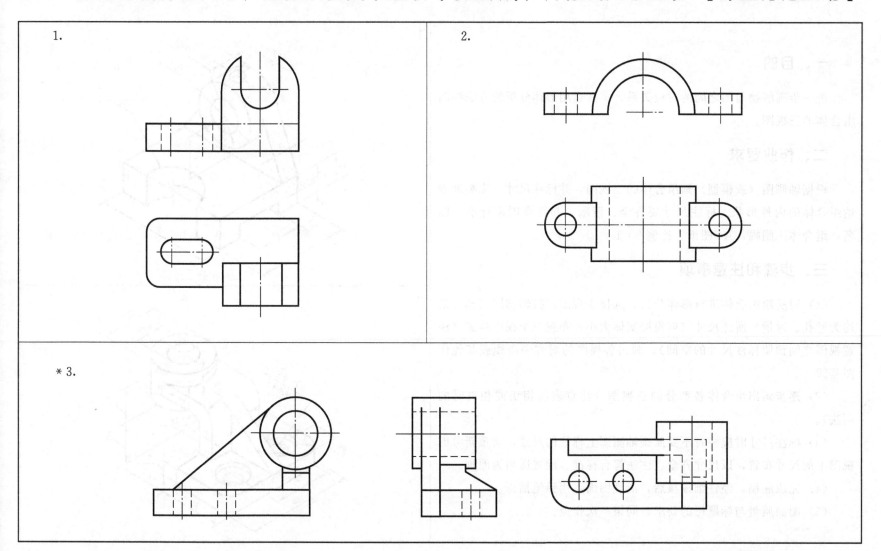

5-8 第二次作业——组合体

一、目的

进一步理解物与图之间的对应关系，掌握运用形体分析的方法绘制组合体的三视图。

二、作业要求

根据轴测图（或模型）画组合体的三视图，并标注尺寸，完整地表达组合体的内外形状。标注尺寸要齐全、清晰，并符合国家标准。图名：组合体。图幅：A4图纸。比例2∶1。

三、步骤和注意事项

（1）对所绘组合体进行形体分析，选择主视图，按轴测图（孔、槽均为通孔、通槽）所注尺寸（或模型实体大小）布置三个视图位置（注意视图之间预留标注尺寸的空间），画出各视图的对称中心线或其他作图基线。

（2）逐步画出组合体各部分的三视图（注意表面相切或相贯时的画法）。

（3）标注尺寸时应注意不要照搬轴测图上标注的尺寸，要重新考虑视图上的尺寸布置，以尺寸齐全、注法符合标准、配置适当为原则。

（4）完成底稿，经仔细校核后，清理图面，用铅笔描深。

（5）图面质量与标题栏的要求，同第一次作业。

1.
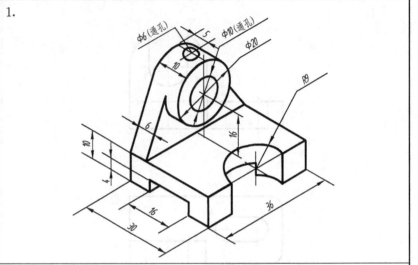

2.
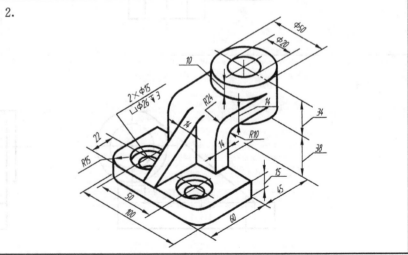

5-9 根据给定的二个视图补画第三视图（有多种答案，至少画出两个）

1.

2.

3.

4.

第五章 组合体画法

5-10 读懂组合体的三视图，填空（一）

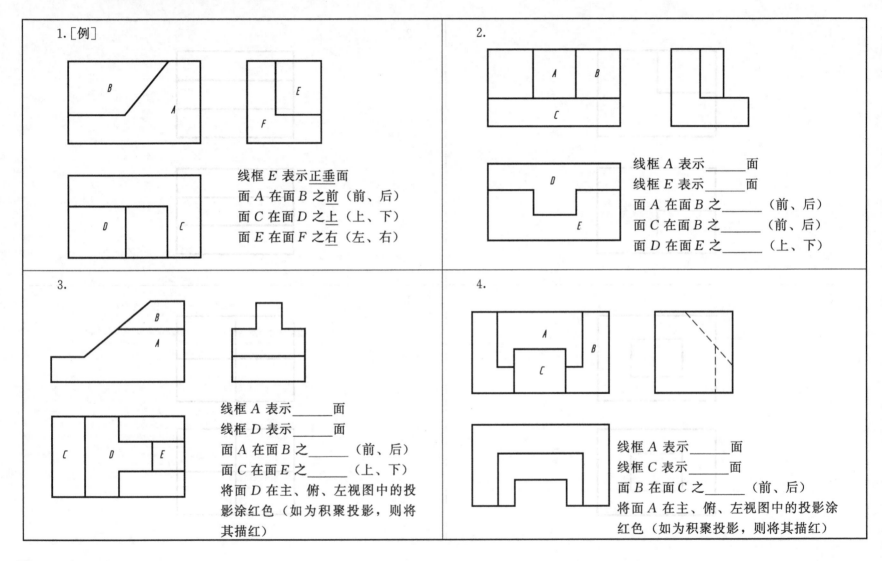

5-11 读懂组合体的三视图，填空（二）

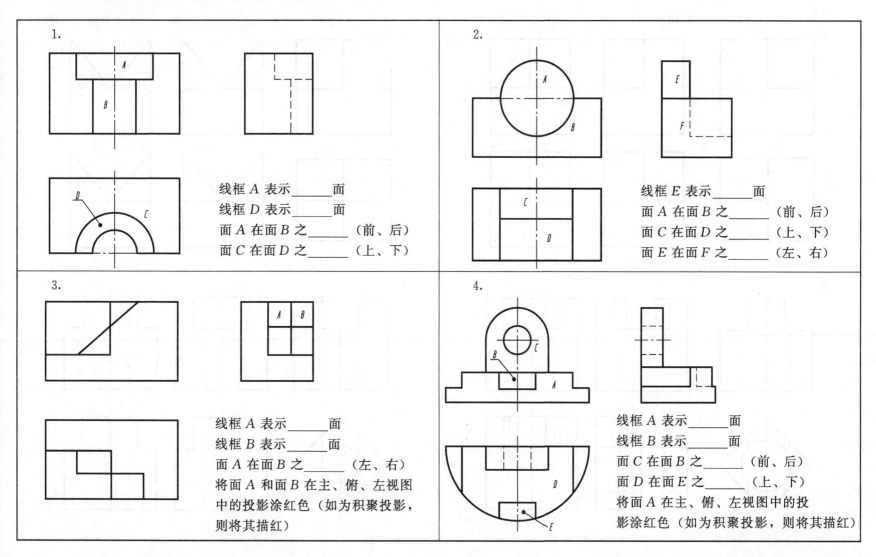

5-12 已知主视图和俯视图,选出正确的左视图,在括号内画"√"

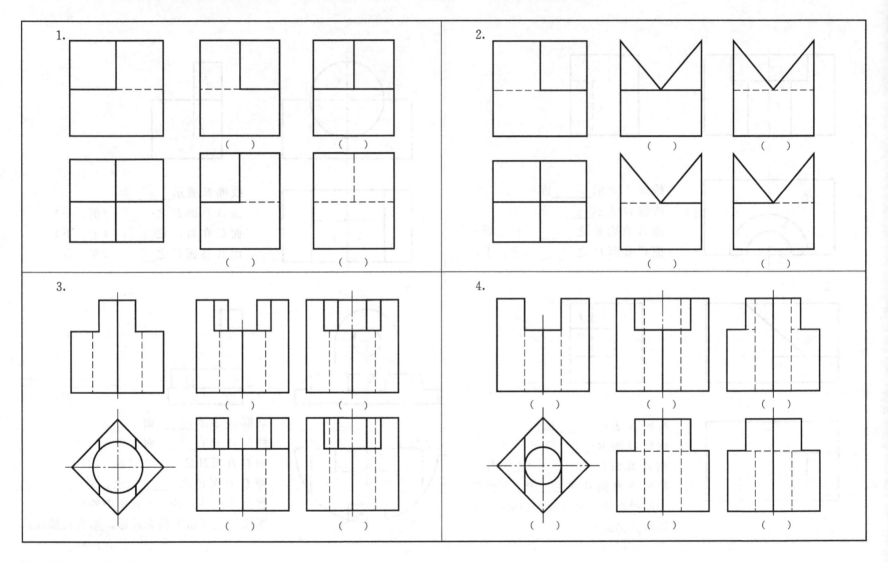

5-13 运用形体分析法，由已知两视图补画第三视图

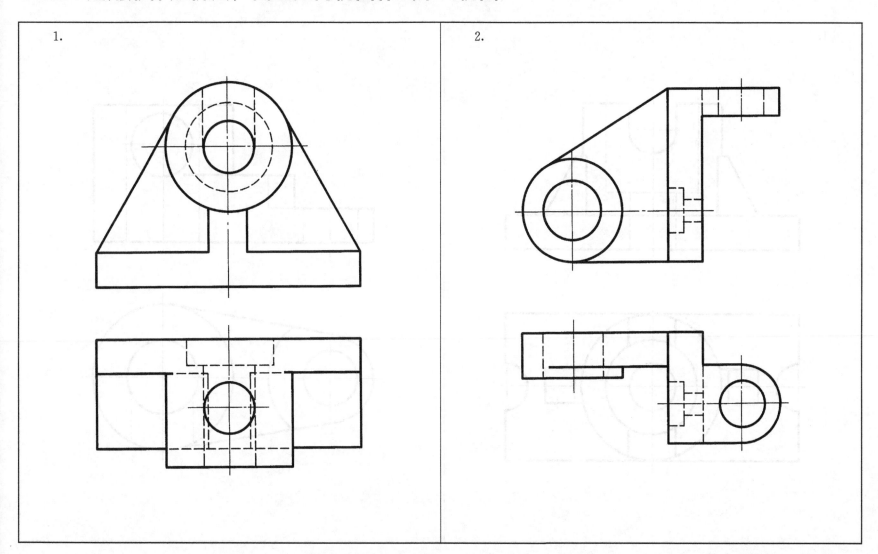

第五章 组合体画法

5-14 运用形体分析法，由已知两视图补画第三视图（第 2 题从图中量取整数尺寸，并标注）

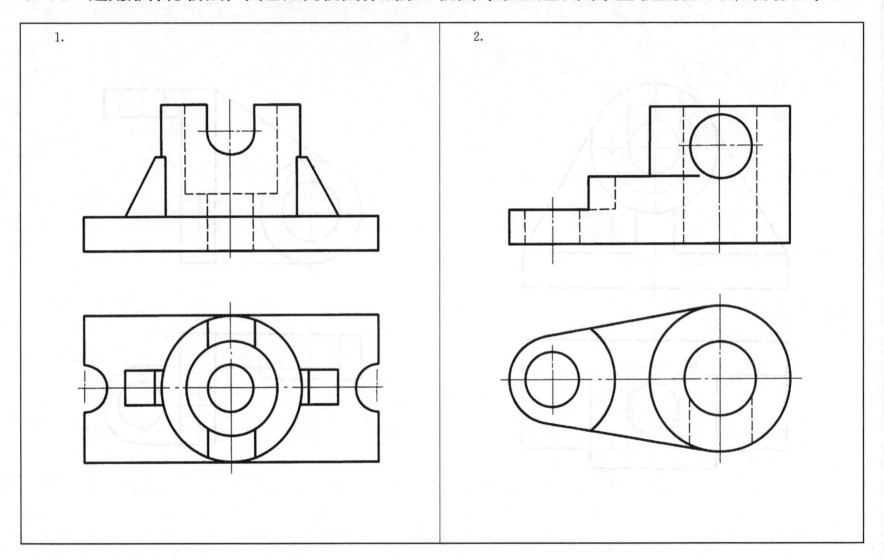

1.

2.

5-15 运用形体分析法和面形分析法，补画视图所缺图线

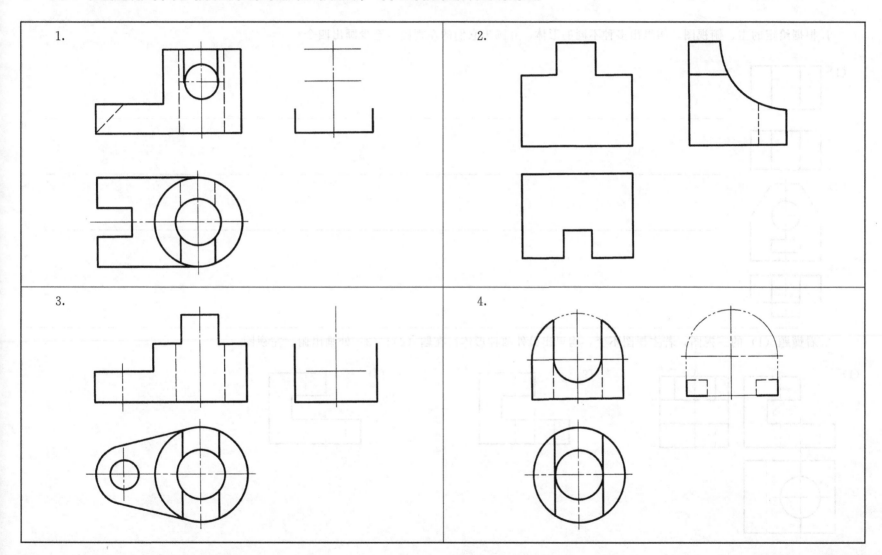

5-16 形体构思（一）

1. 根据给定的主、俯视图，构思出多种不同的形体，并画出它们的左视图（至少画出四个）

2. 看懂题（1）的三视图，若主视图不变，构思出另外两种形体，在题（2）、（3）处画出俯、左视图

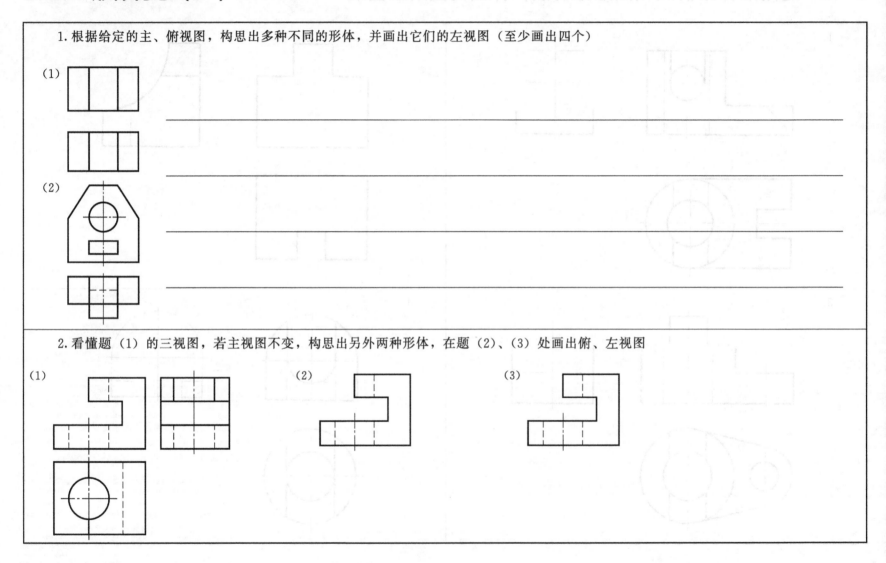

*5-17 形体构思(二)【课堂讨论互动】

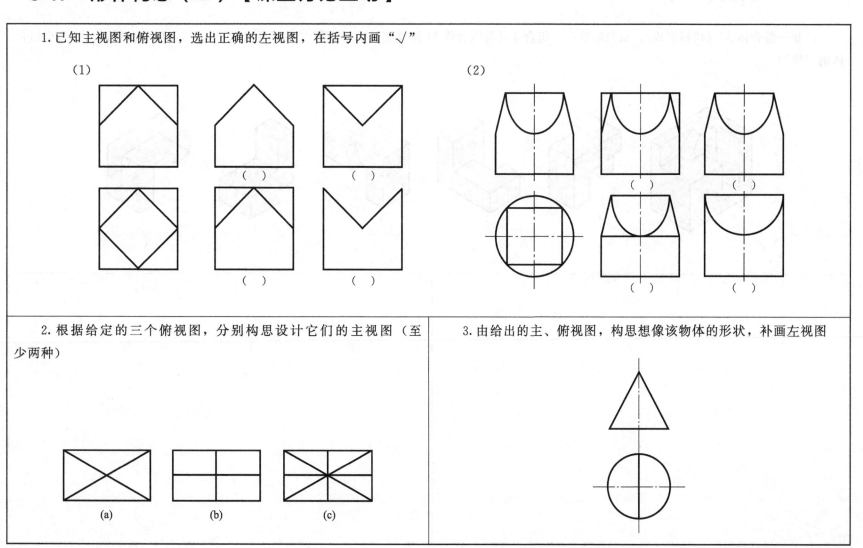

* 5-18 形体构思（三）

已知一组合体 M（切割形成），试判断哪一个组合体可与组合体 M 构成完整的长方体（在括号内画"√"），然后分别画出这两个组合体的三视图

M （ ）　A （ ）　B （ ）　C （ ）　D （ ）　E （ ）

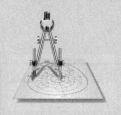

第六章
机件的画法

6-1 基本视图和向视图

1. 已知主、俯、左视图，补画右、仰、后视图

2. 看懂三视图，画出右视图和 A 向、B 向视图

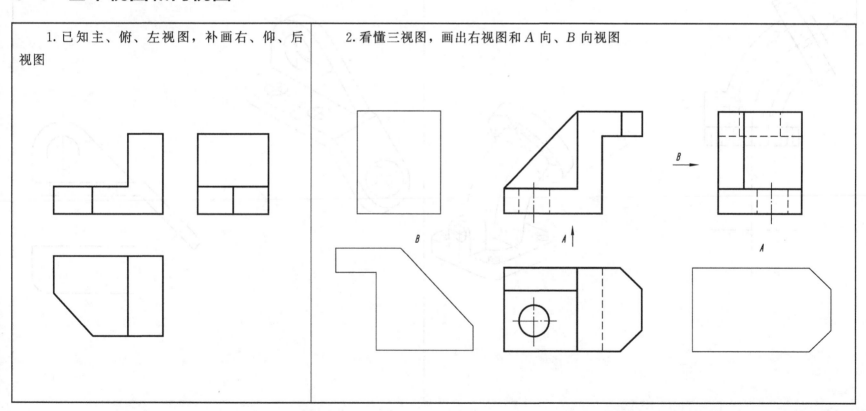

6-2 局部视图和斜视图（一）

1. 在指定位置作局部视图和斜视图

2. 参照轴测图，作斜视图和局部视图，并按规定标注（除给定尺寸外，其余均可在主视图上量取）

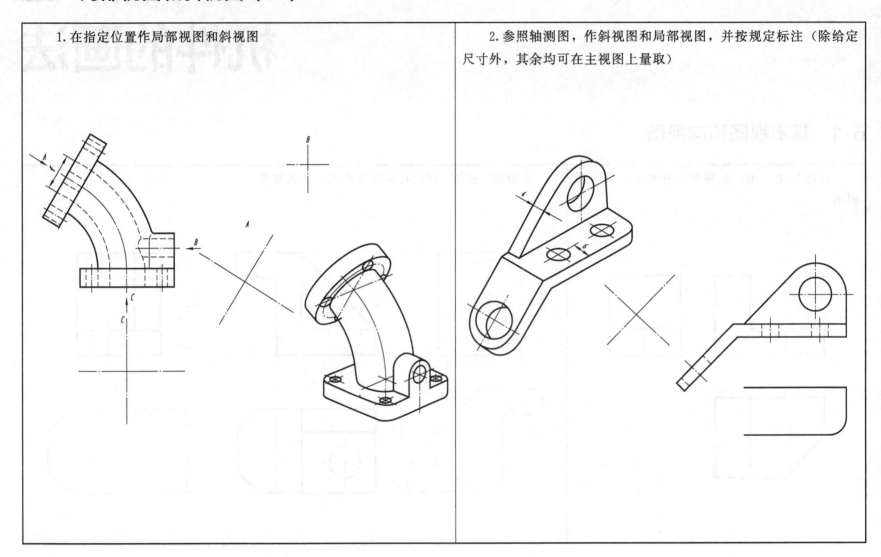

6-3 局部视图和斜视图（二）

1. 读懂弯板的各部分形状后，完成局部视图和斜视图，并按规定标注

2. 在指定位置画出支座右部凸台（A 向）的局部视图，并考虑是否需要标注

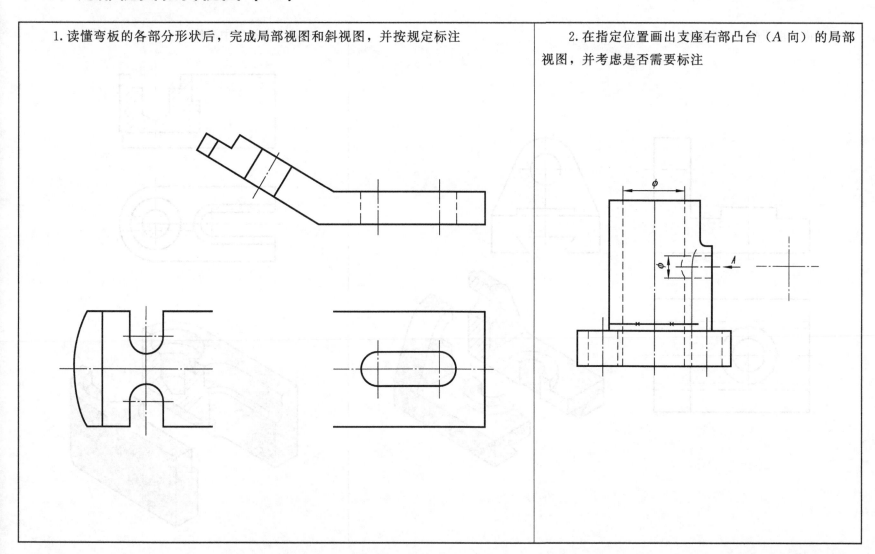

6-4 剖视概念（一）

1. 将主视图画成全剖视图

2. 补全主视图中漏线

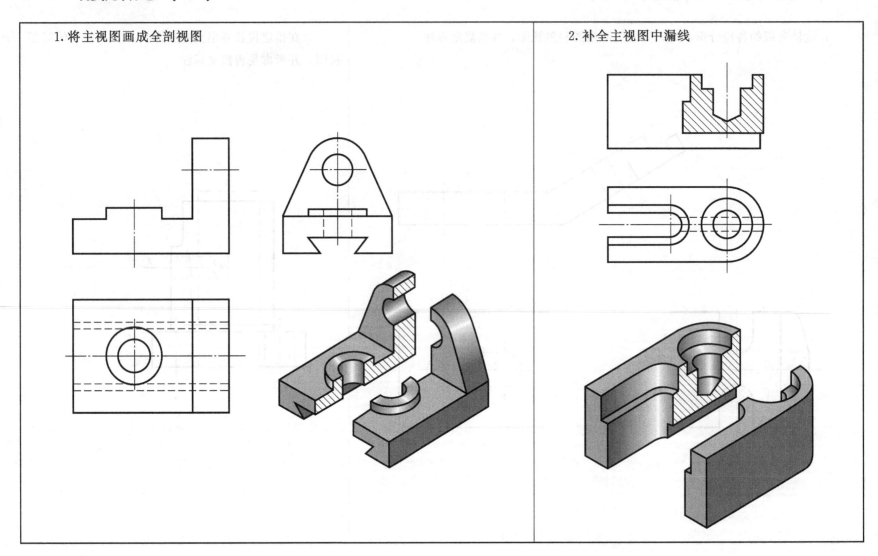

6-5 剖视概念(二)

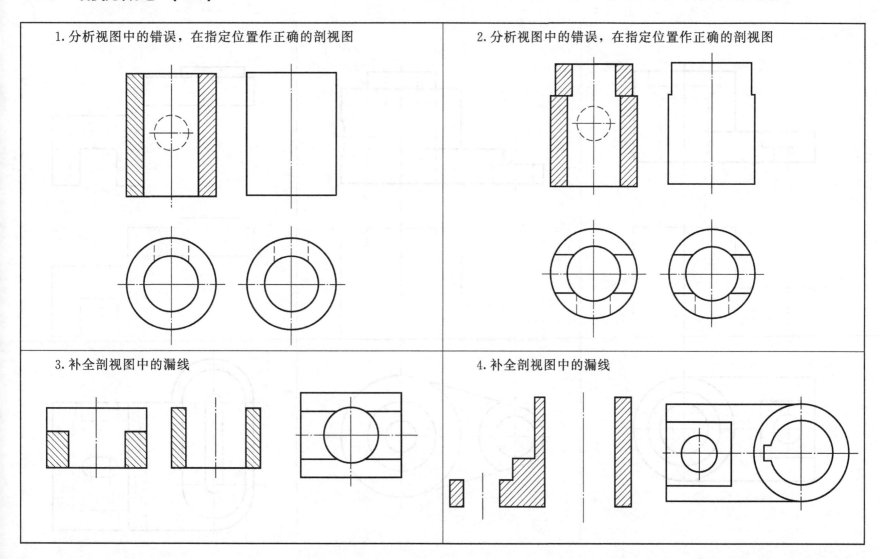

6-6 全剖视图在指定位置将主视图改画成全剖视图

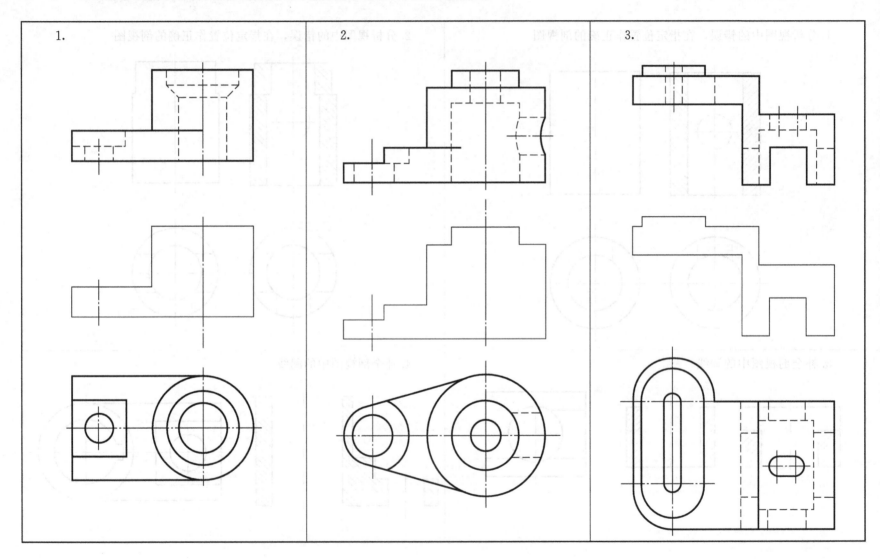

6-7 半剖视图（一）

1. 将主视图画成半剖视，左视图画成全剖视

2. 补全主视图中的漏线

(1) (2)

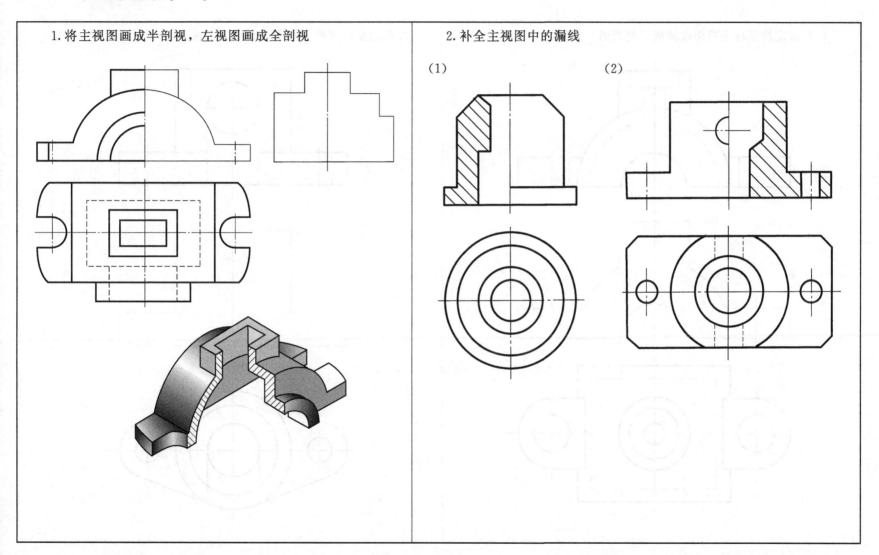

6-8 半剖视图（二）

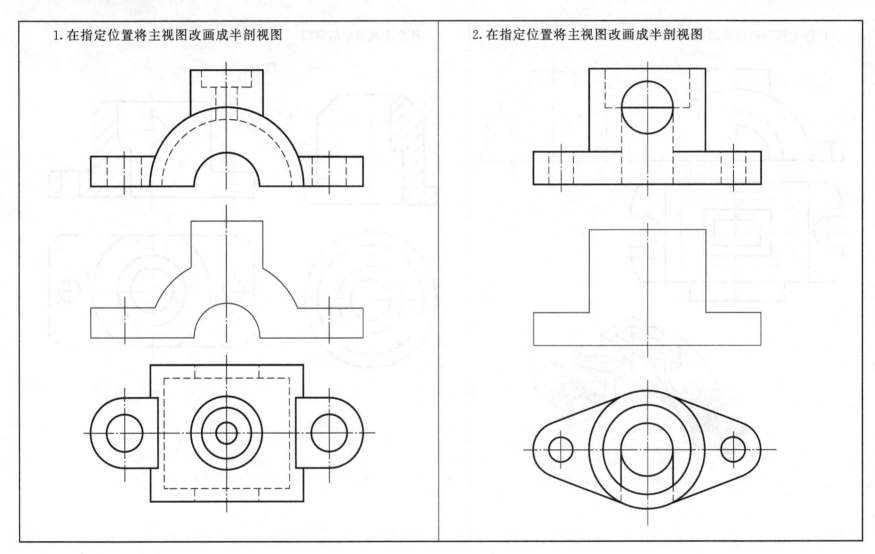

6-9 选择正确的主视图（画√）

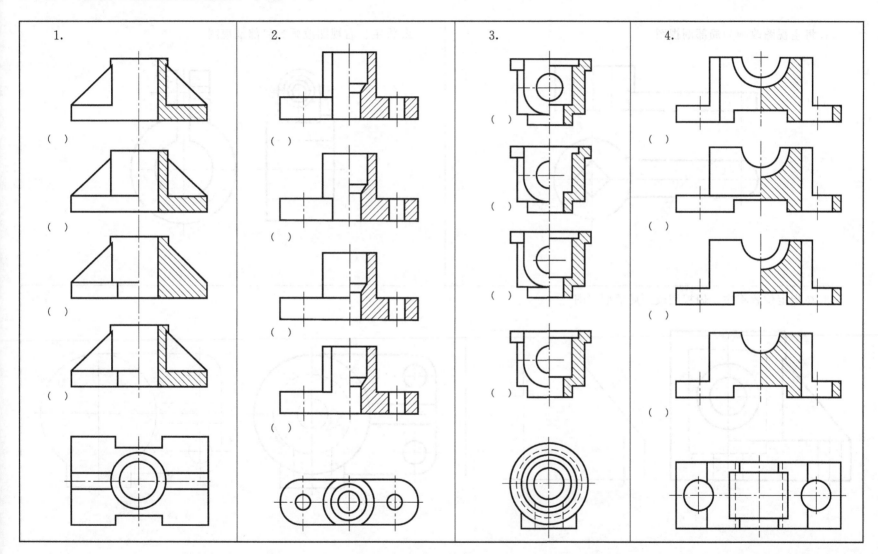

6-10 局部剖视图

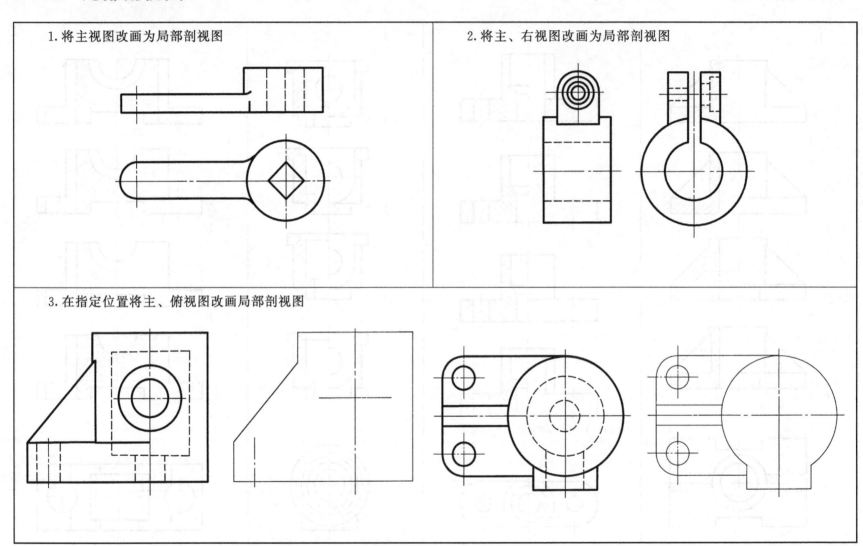

6-11 选出正确的局部剖视图,在括号内画"√"

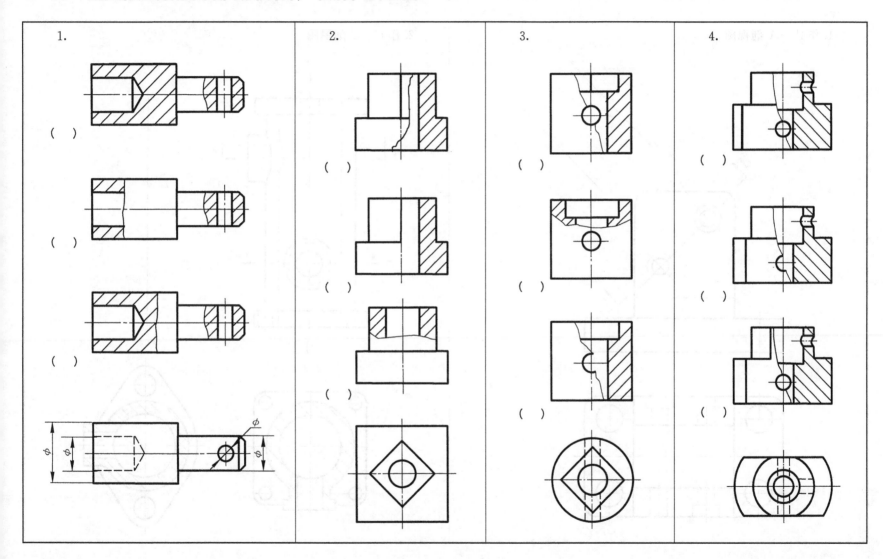

6-12 用单一剖切面作剖视图,并按规定标注 【课堂讨论互动】

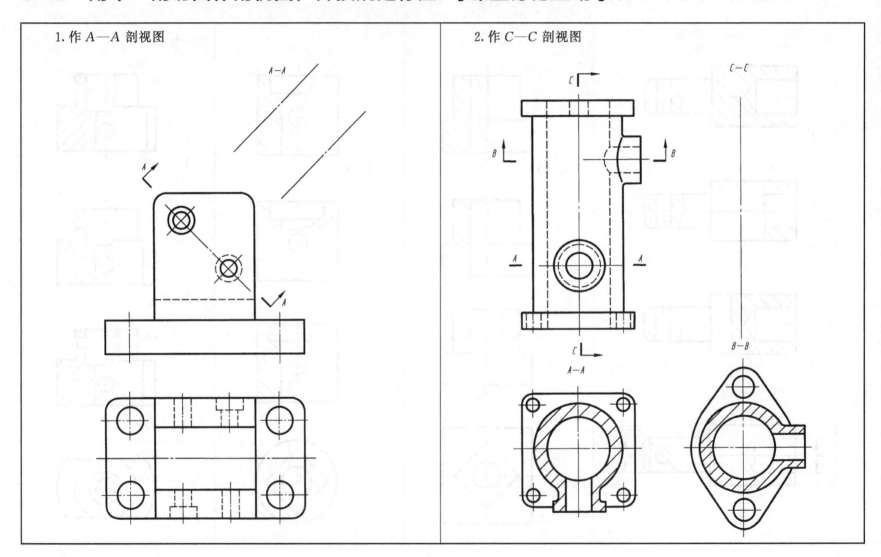

6-13　用几个平行的剖切平面剖切机件，将主视图画成全剖视图

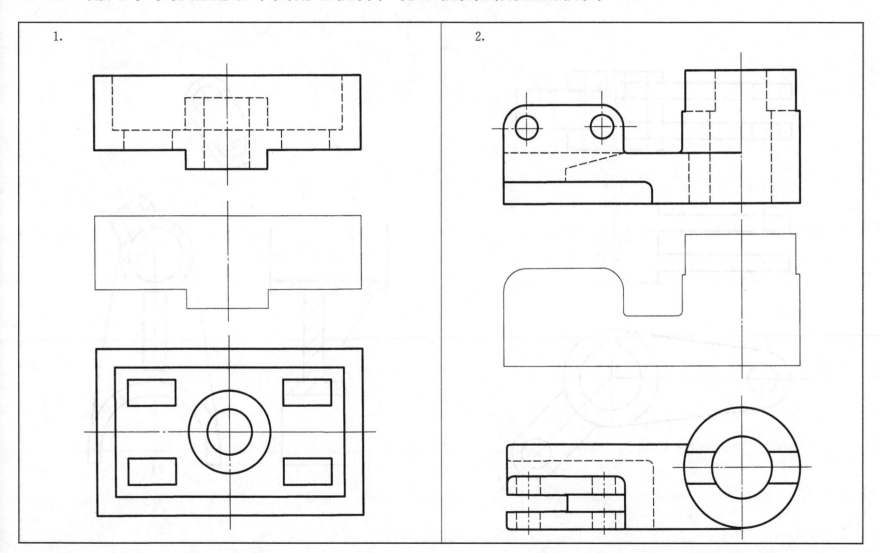

6-14 用几个相交剖切平面将主视图画成全剖视图

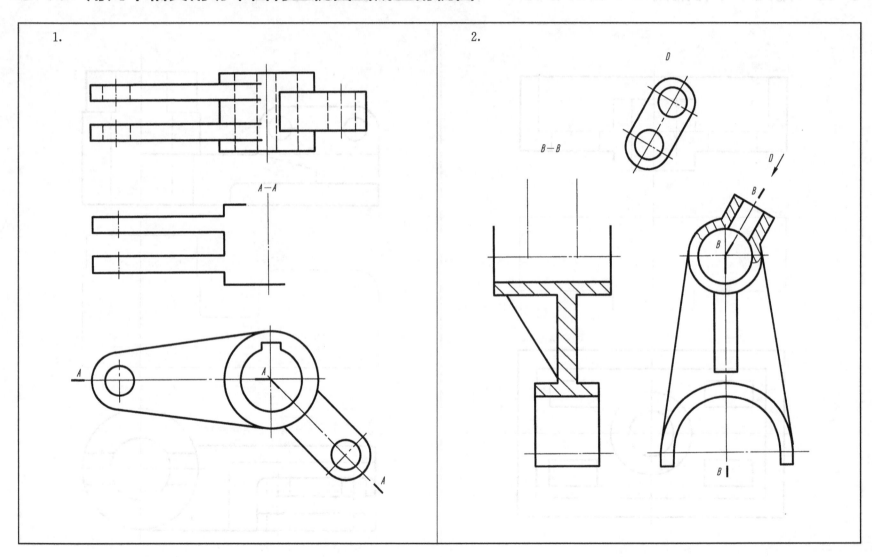

6-15 选出正确的主视图，在括号内画"√"

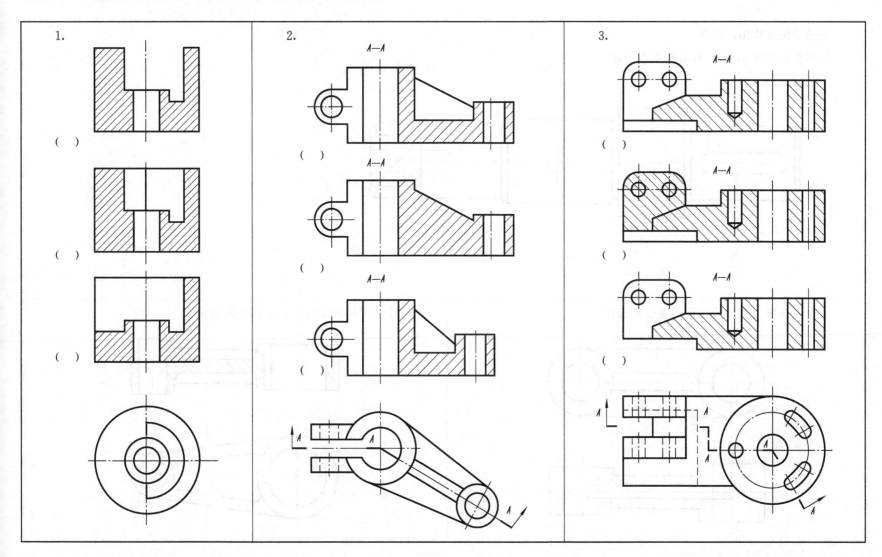

6-16 断面图（一）

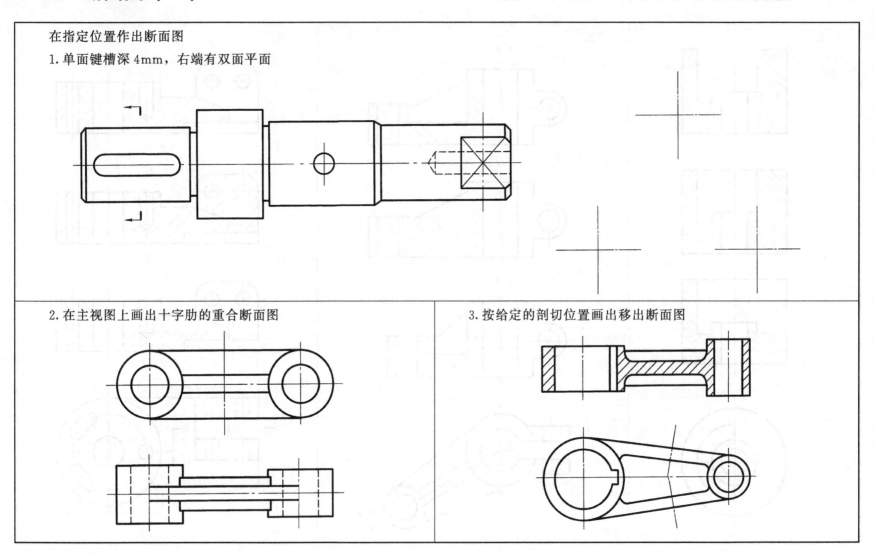

6-17 断面图（二）

1. 分析断面图中的表达错误，画出正确的断面图

(1)

(2)

2. 选出正确的断面图，在括号内画"√"

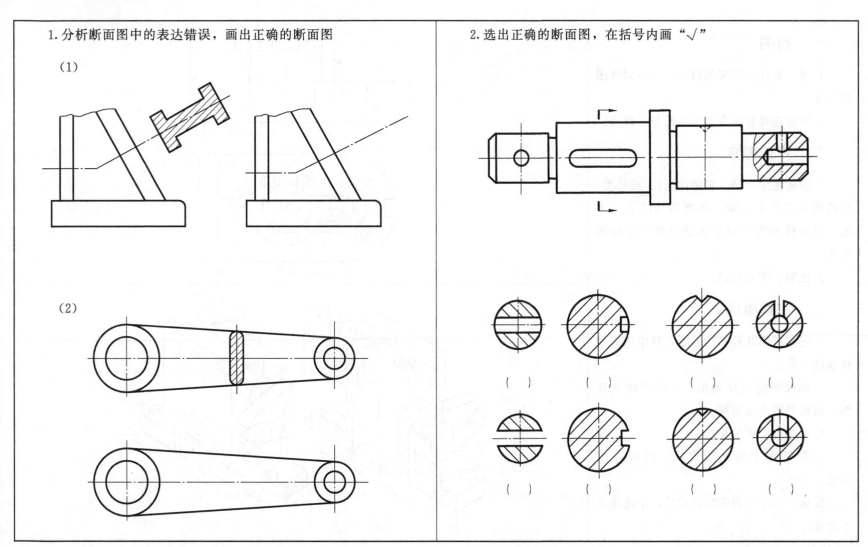

第六章 机件的画法

6-18 第三次作业——基本表示法

一、目的

1. 进一步理解剖视的概念，掌握剖视图的画法。
2. 训练选择物体表达方法的基本能力。

二、作业要求

1. 根据视图（1）、轴测图（2）或模型，由教师指定其中一题，选择适当的表达方法，将机件的内外形状表达清楚，并标注尺寸。
2. 比例、图幅自定。

三、注意事项

1. 可多考虑几种表达方案，从中选择最佳表达方案。
2. 剖视图应直接画出，不宜先画成视图，再将视图改成剖视。
3. 要注意剖视的标注。
4. 各视图中剖面线方向、间隔保持一致。
5. 运用形体分析法标注尺寸，不遗漏也不重复。

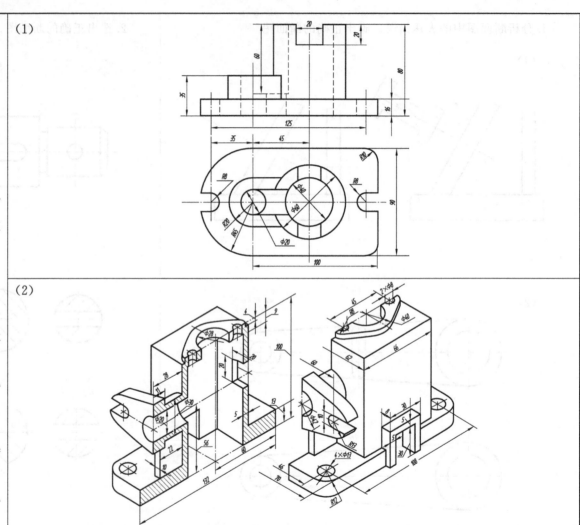

6-19　在指定位置将主视图改画成剖视图

1. 改画成半剖视图

2. 改画成全剖视图

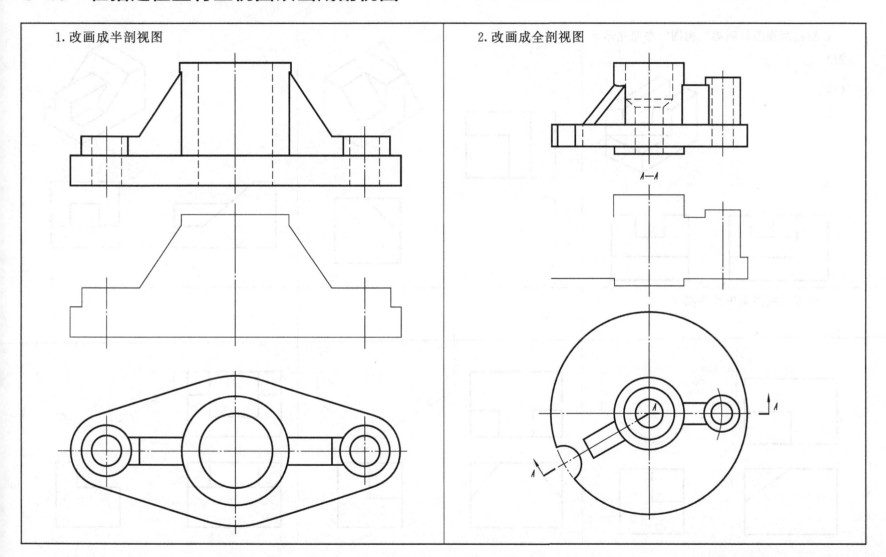

6-20 第三角画法（一）【课堂讨论互动】

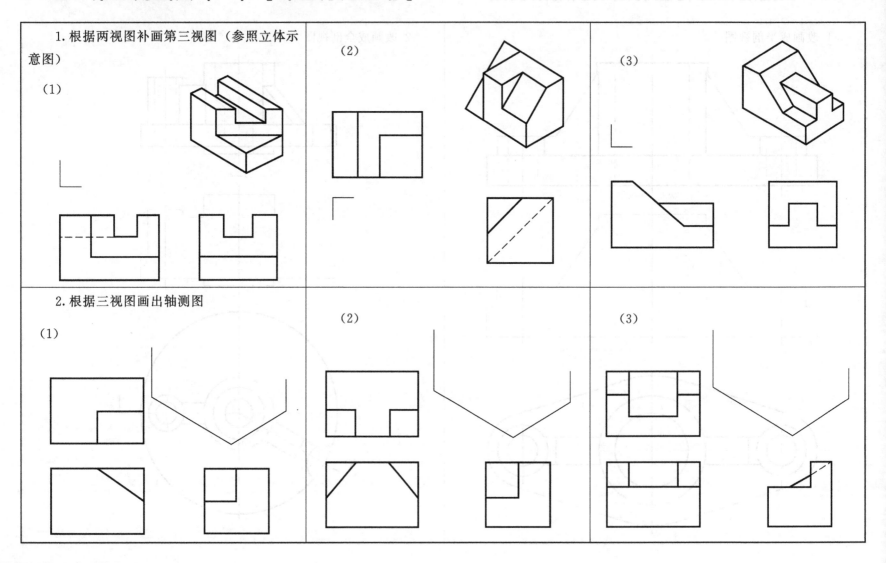

* 6-21 第三角画法（二）已知两视图，补画第三视图（任选1、3、5或2、4、6）

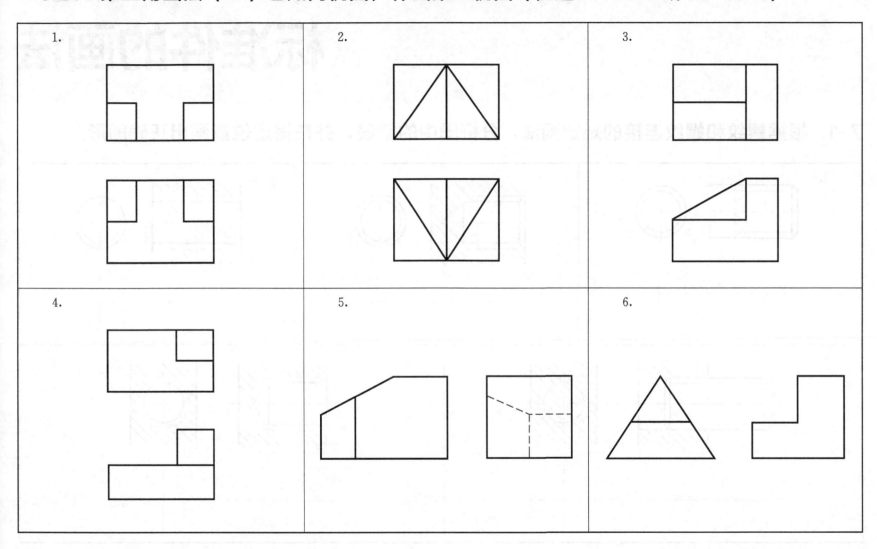

第七章 标准件的画法

7-1 根据螺纹和螺纹连接的规定画法，分析图中的错误，并在指定位置画出正确图形

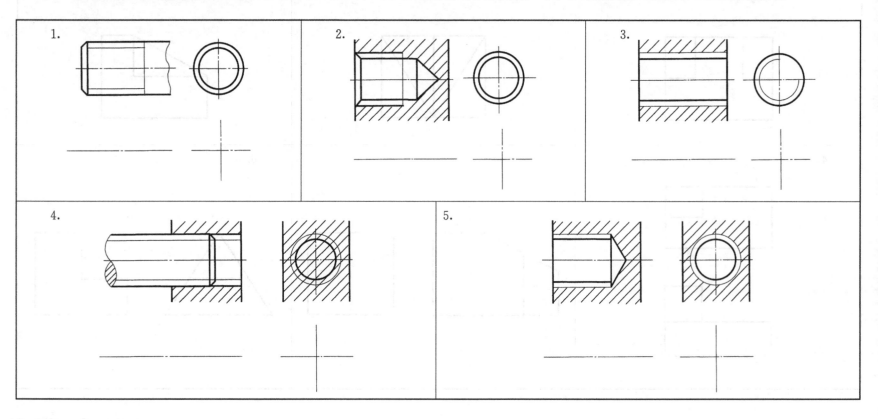

7-2 螺纹的标记

1. 按螺纹的标记填表

(1)

螺纹标记	螺纹种类	大径	螺距	导程	线数	旋向	公差带代号
M20-6h							
M16×1-5g6g							
M24LH-7H							
B32×6LH-7e							
Tr48×16(P8)-8H							

(2)

螺纹标记	螺纹种类	尺寸代号	大径	螺距	旋向	公差等级
G1A						
R$_1$1/2						
Rc1-LH						
R$_p$2						

2. 根据给定的螺纹要素，在图上进行标注

(1) 粗牙普通螺纹，大径30，螺距3.5，右旋，中径公差带为5g，顶径公差带为6g，中等旋合长度

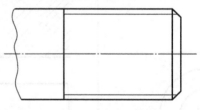

(2) 细牙普通螺纹，大径24，螺距2，左旋，中径和顶径公差带均为6H，长旋合长度

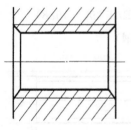

(3) 梯形螺纹，大径26，螺距8，双线，右旋，中径公差代号为8H，中等旋合长度

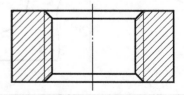

(4) 55°非密封管螺纹，尺寸代号为3/4，公差等级为B级，左旋

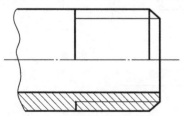

7-3　螺纹的标记及螺钉连接画法

1. 查表确定下列螺纹紧固件尺寸，并写出其标记。

   （1）A级六角头螺栓（GB/T 5782—2016）

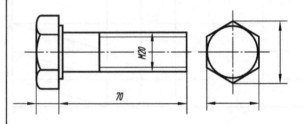

标记_____

   （3）双头螺柱（GB/T 897—1988）
   （被旋入零件材料为45钢）

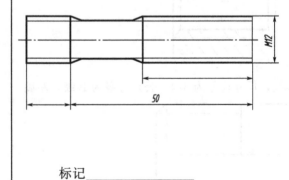

标记_____

   （2）螺母（GB/T 6170—2015）

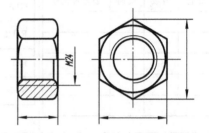

标记_____

   （4）垫圈（GB/T 97.1—2002，公称尺寸14）

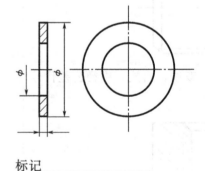

标记_____

2. 补全螺钉连接图中所缺图线（1∶1）

   螺钉（GB/T 68 M10×40）

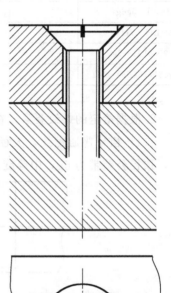

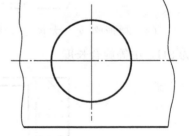

7-4 螺栓、螺柱连接

1. 螺栓连接　螺栓 GB/T 5782 M12×55

2. 螺柱连接　双头螺柱 GB/T 898 M16×35

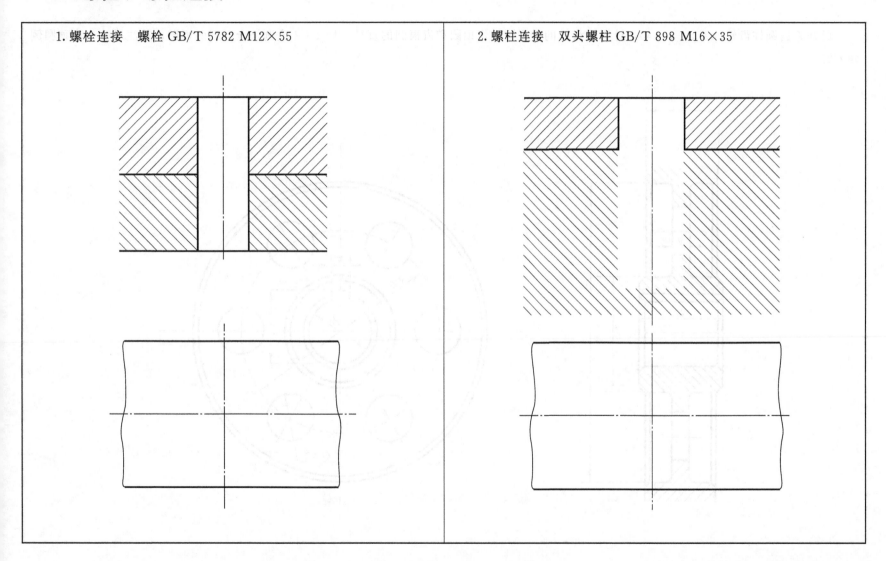

7-5 齿轮

已知直齿圆柱齿轮 $m=5$，$z=40$，计算该齿轮的分度圆、齿顶圆和齿根圆的直径。用 1：2 比例补全下列两视图，并注尺寸（齿顶圆倒角 C2）

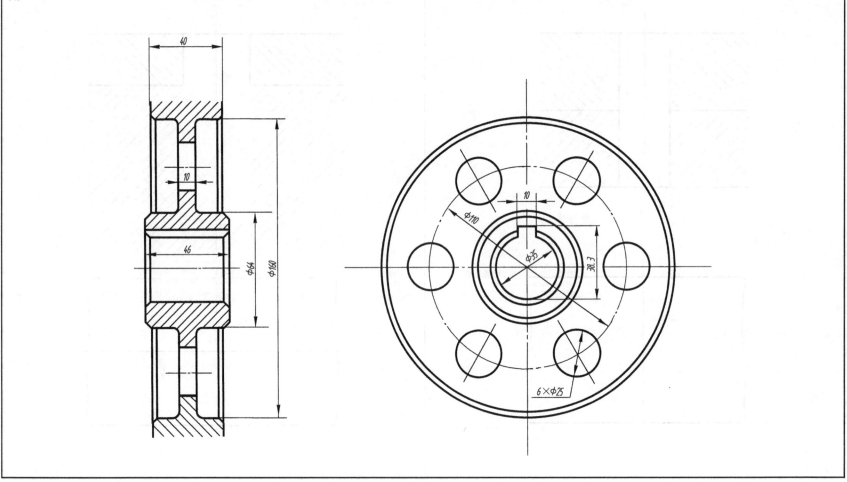

7-6　画齿轮啮合图

已知大齿轮的模数 $m_2=4$，齿数 $z_2=38$，两齿轮的中心距 $a=108$mm，试计算大小两齿轮分度圆、齿顶圆及齿根圆的直径，用 1∶2 比例补全直齿圆柱齿轮的啮合图

计算

1. 小齿轮

　分度圆 $d_1=$ _____

　齿顶圆 $d_{a1}=$ _____

　齿根圆 $d_{f1}=$ _____

2. 大齿轮

　分度圆 $d_2=$ _____

　齿顶圆 $d_{a2}=$ _____

　齿根圆 $d_{f2}=$ _____

3. 传动比

　$i=$ _____

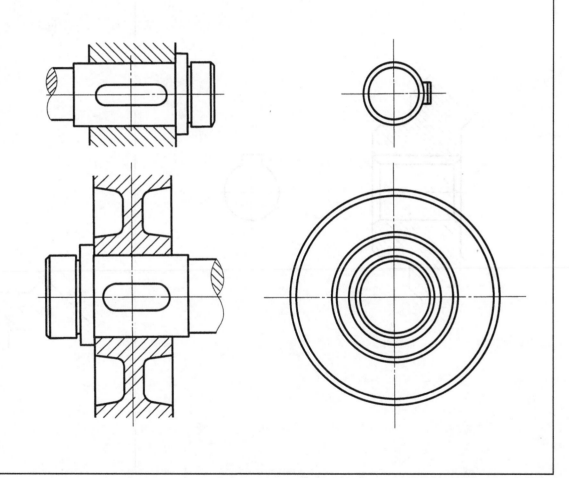

第七章　标准件的画法

*7-7 锥齿轮

1. 已知直齿圆锥齿轮 $m=3$，$z=23$，$\delta=45°$，经计算后按 $1:1$ 比例画全其主视图

2. 已知一对直齿圆锥齿轮啮合，$m=3.5$，$z_1=z_2=18$，两轴垂直相交，经计算后画全它们的啮合图

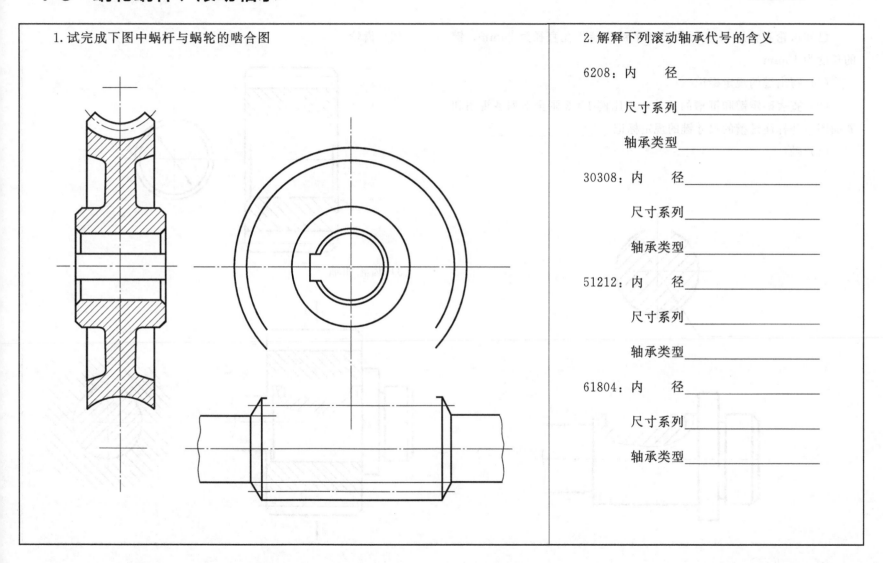

7-9 键连接

已知齿轮和轴用 A 型圆头普通平键连接，孔直径为 20mm，键的长度为 18mm
(1) 写出键的规定标记
(2) 查表确定键和键槽的尺寸，用比例 1∶2 画全下列各视图和断面图，并标注键槽的尺寸键的规定标记＿＿＿＿＿＿＿＿＿＿
(1) 轴

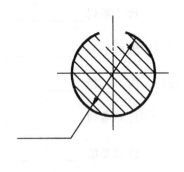

(2) 齿轮

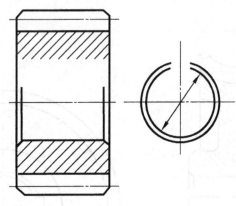

(3) 齿轮和轴

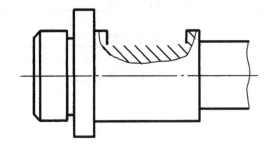
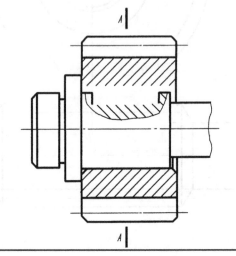
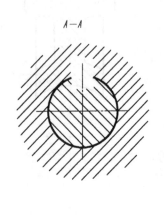

7-10　第四次作业——轴系装配图　【课堂讨论互动】

根据所示轴测图，将齿轮、滚动轴承等零件装在轴上。要求用比例 1∶1 将轴系装配图画在 A3 图纸上。绘图尺寸除已给出外，其余可从有关标准中查得，有的可从轴测图中直接量取。装配图上不注尺寸，标题栏名称：轴系装配图

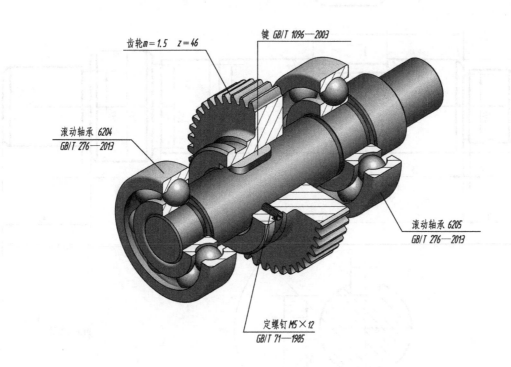

7-10 轴（续）

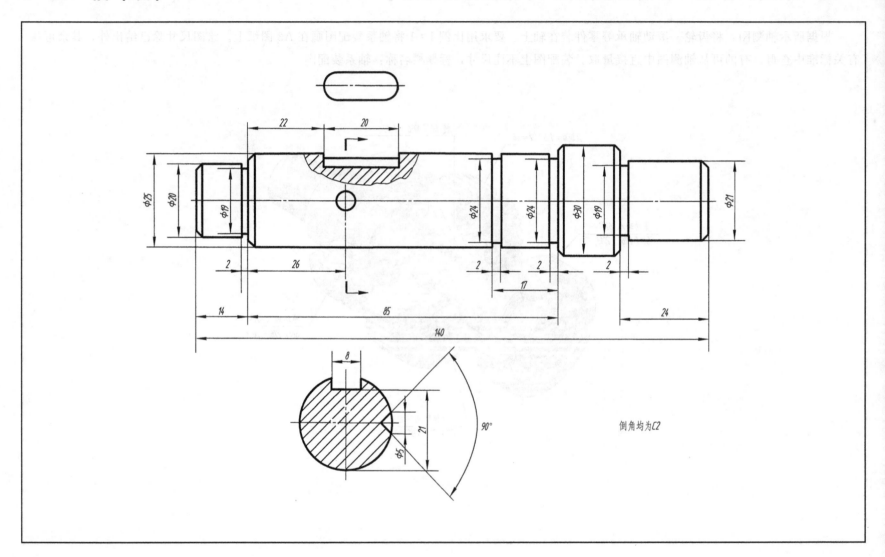

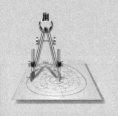

第八章 技术要求的标注

8-1 极限与配合基本知识练习

1. 根据配合代号及孔、轴的上、下极限偏差，判别配合制和类别，并辨认其公差带图（在空圈内填上相应编号）

① $\phi 30 \dfrac{H9}{d9}$ $\phi 30H9\ (^{+0.052}_{\ \ \ 0})$ $\phi 30d9\ (^{-0.065}_{-0.117})$ ＿＿制＿＿配合。	② $\phi 30 \dfrac{G7}{H6}$ $\phi 30G7\ (^{+0.028}_{+0.007})$ $\phi 30h6\ (^{\ \ \ 0}_{-0.013})$ ＿＿制＿＿配合。	③ $\phi 30 \dfrac{H7}{m6}$ $\phi 30H7\ (^{+0.021}_{\ \ \ 0})$ $\phi 30m6\ (^{+0.021}_{+0.008})$ ＿＿制＿＿配合。	④ $\phi 30 \dfrac{P7}{h6}$ $\phi 30P7\ (^{-0.014}_{-0.035})$ $\phi 30h6\ (^{\ \ \ 0}_{-0.013})$ ＿＿制＿＿配合。	⑤ $\phi 30 \dfrac{H7}{s6}$ $\phi 30H7\ (^{+0.021}_{\ \ \ 0})$ $\phi 30s6\ (^{+0.048}_{+0.035})$ ＿＿制＿＿配合。

8-1 （续）

2. 根据图中的标注，填写右表（只填数值）

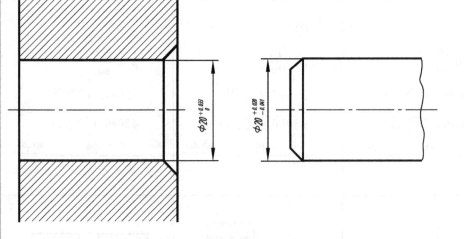

名 称	孔	轴
公称尺寸		
上极限尺寸		
下极限尺寸		
上极限偏差		
下极限偏差		
公差		

8-2 极限与配合

1. 根据配合代号在零件图上分别标出轴和孔的偏差值，并指出是何种配合

2. 标注轴和孔的公称尺寸及上、下极限偏差值，并填空

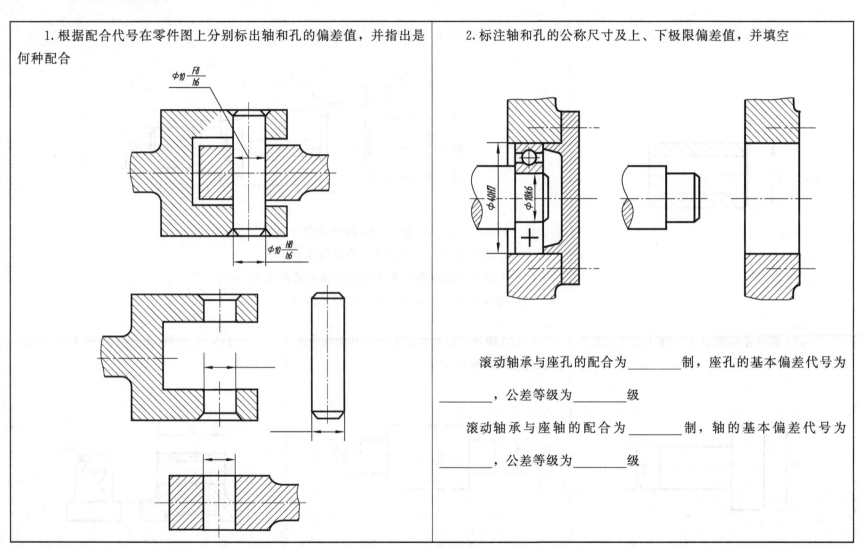

滚动轴承与座孔的配合为_____制，座孔的基本偏差代号为_____，公差等级为_____级

滚动轴承与座轴的配合为_____制，轴的基本偏差代号为_____，公差等级为_____级

8-3 标注几何公差代号

1. φ25 外圆柱素线的直线度公差为 0.012

2. 将用文字说明的形状公差改用框格标注在图中

(1) φ25k6 对 φ20k6 和 φ15k6 的同轴度公差值 0.025
(2) A 面对 φ25k6 轴线垂直度公差值 0.05
(3) B 面对 φ20k6 轴线和端面圆跳动公差值 0.05
(4) 键槽对 φ25k6 轴线的对称度公差值 0.01

3. φ30 圆柱左端面对 φ15 轴线的垂直度公差为 0.025

4. φ20 圆柱表面对两端 φ10 公共轴线径向圆跳动的公差为 0.05

5. φ10 孔轴线对底面的平行度公差为 0.04

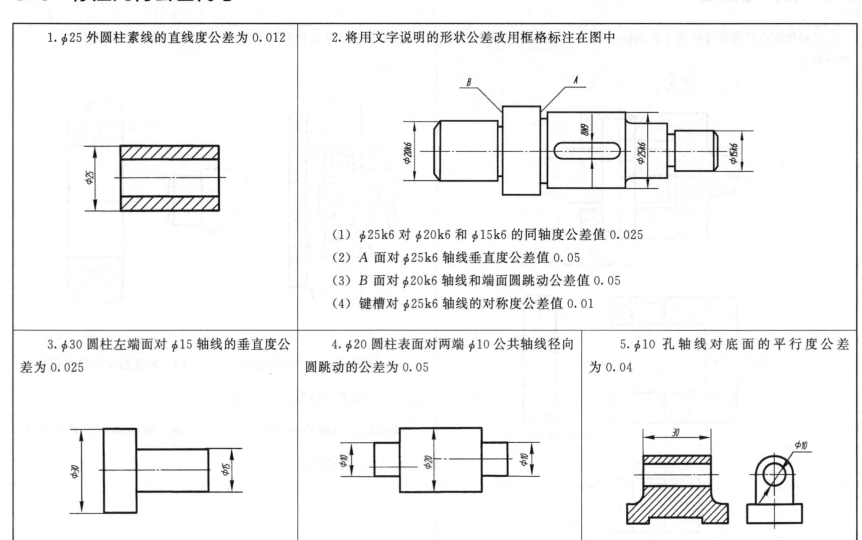

*8-4 参照第1题填空说明图中几何公差代号的含义【课堂讨论互动】

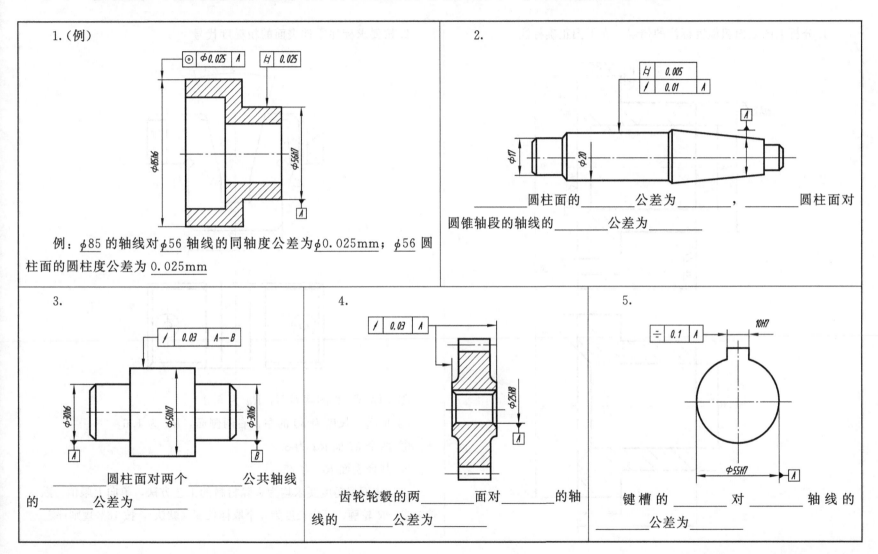

1.（例）

例：φ85 的轴线对 φ56 轴线的同轴度公差为 φ0.025mm；φ56 圆柱面的圆柱度公差为 0.025mm

2. _____圆柱面的_____公差为_____，_____圆柱面对圆锥轴段的轴线的_____公差为_____

3. _____圆柱面对两个_____公共轴线的_____公差为_____

4. 齿轮轮毂的两_____面对_____的轴线的_____公差为_____

5. 键槽的_____对_____轴线的_____公差为_____

8-5 按给定要求在图形上标注表面粗糙度

1. 分析上图表面粗糙度标注的错误，在下图正确标注

2. 按要求标注零件表面的粗糙度代号

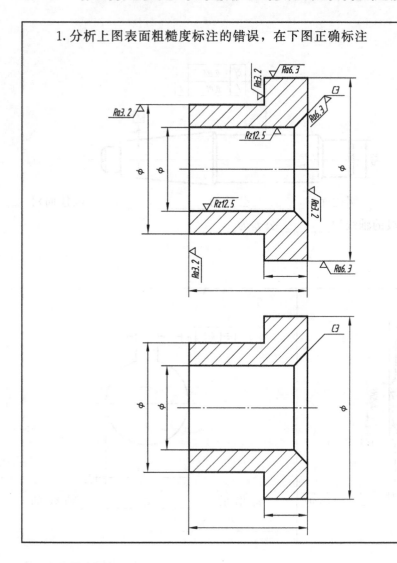

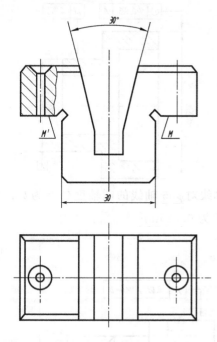

① 倾角成 30°的两斜面，Ra 为 6.3
② 顶面、长度为 30 的左、右两侧面，Ra 为 1.6
③ 两个 M 面 Ra 为 3.2
④ 其余表面 Ra 为 25

上述表面粗糙度要求均为去除材料的工艺方法，单向上限值，默认传输带，R 轮廓，评定长度为 5 个取样长度（默认），按 16% 规则评定。

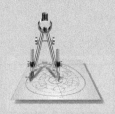

第九章
零件图与装配图

9-1 比较零件摇臂座的两种表达方案，并填空

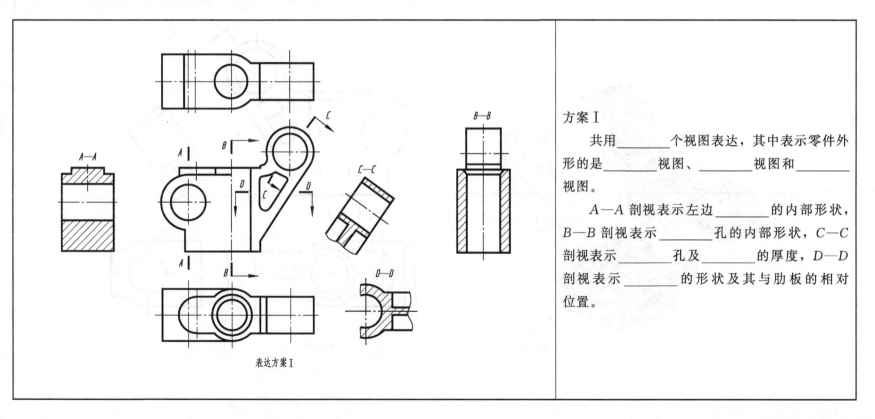

表达方案 I

方案 I

共用_____个视图表达，其中表示零件外形的是_____视图、_____视图和_____视图。

A—A 剖视表示左边_____的内部形状，B—B 剖视表示_____孔的内部形状，C—C 剖视表示_____孔及_____的厚度，D—D 剖视表示_____的形状及其与肋板的相对位置。

9-1（续）

方案Ⅱ

共用_____个视图表达。主视图主要表示零件的外形，并采用_____剖视表示中间通孔的形状；俯视图上两处局部剖视分别表示_____和_____的局部形状；C—C 剖视表示_____的内部形状；B 向局部视图表示摇臂座_____的外形。

分析比较两个表达方案的优缺点，方案Ⅰ的 7 个视图中哪些可以省略？

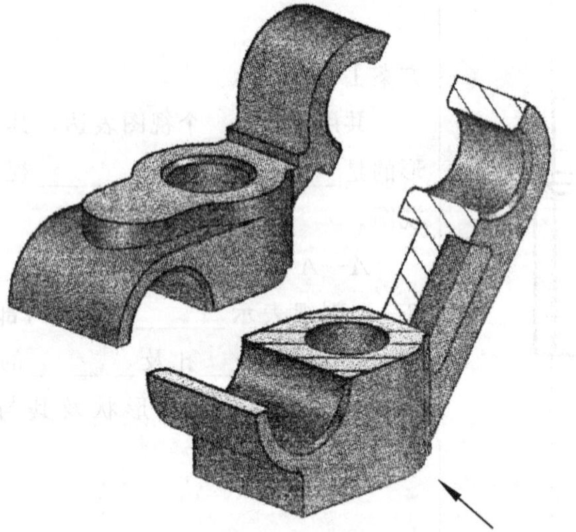

主视图投射方向

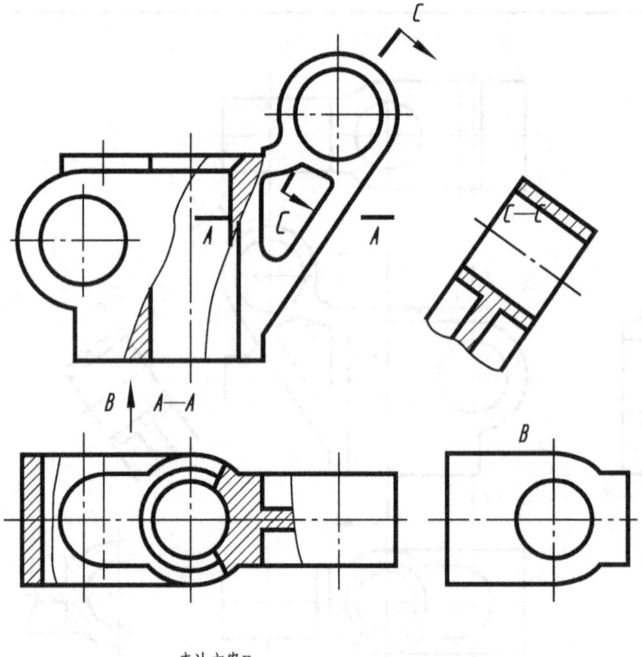

表达方案Ⅱ

9-2 尺寸分析

1. 指出零件长、宽、高方向尺寸的主要基准和辅助基准（用▼标示）

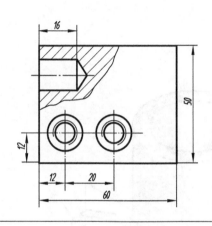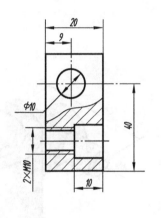

2. 指出尺寸标注中的错误，并作正确标注

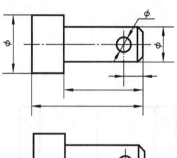

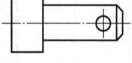

3. 指出尺寸标注中的错误，并作正确标注

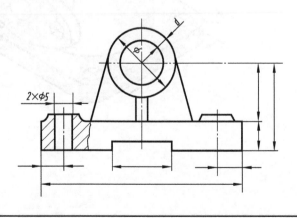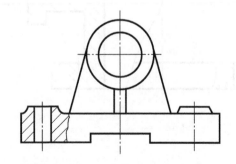

第九章 零件图与装配图

9-3 画零件图

参照立体示意图和已选定的一个视图，确定表达方案（比例1:1），并标注尺寸

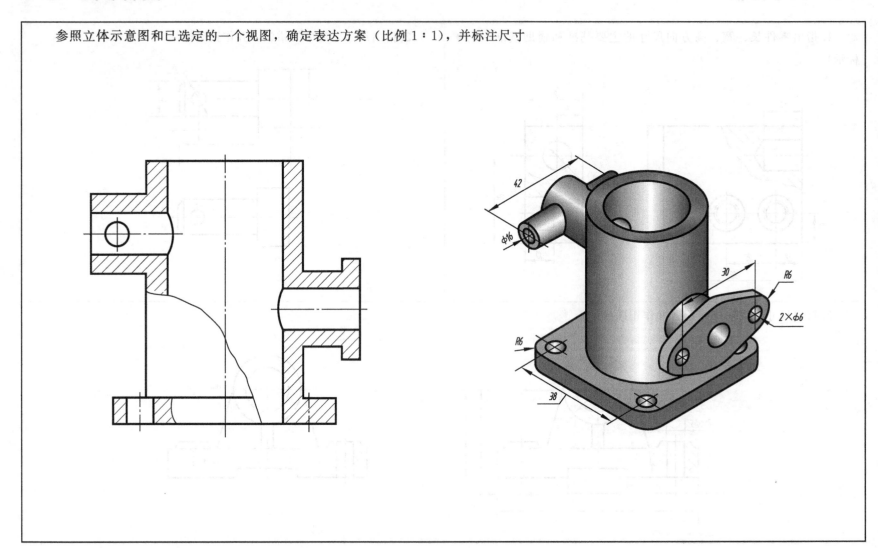

9-4 在零件图上标注尺寸

1. 用符号▲指出轴的长度方向主要尺寸基准，并标注尺寸，数值从图中量取（取整数），比例1：2。右端的螺纹标记为 M20－5g6g

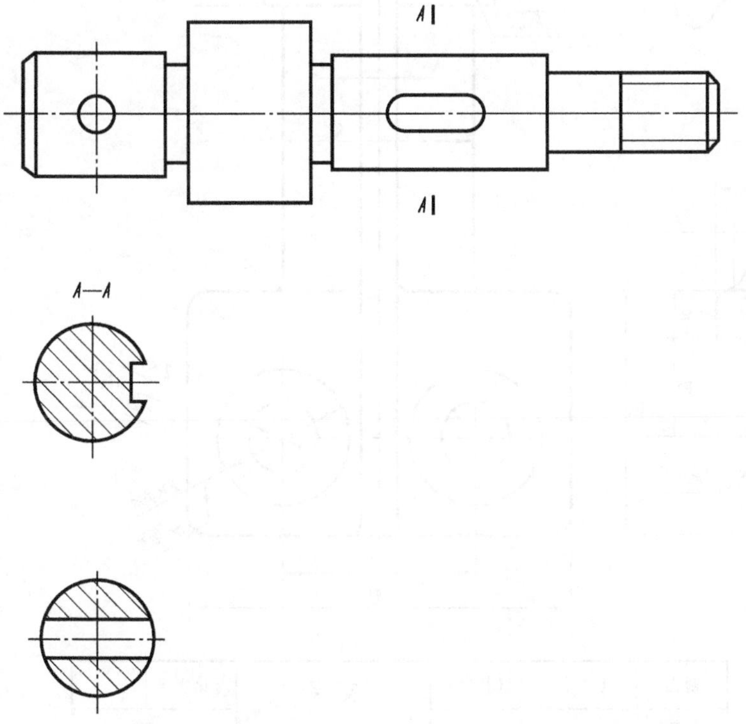

2. 用符号▲指出踏脚座长、宽、高三个方向的主要尺寸基准，注全尺寸，数值从图中量取（取整数），比例1：2

第九章 零件图与装配图

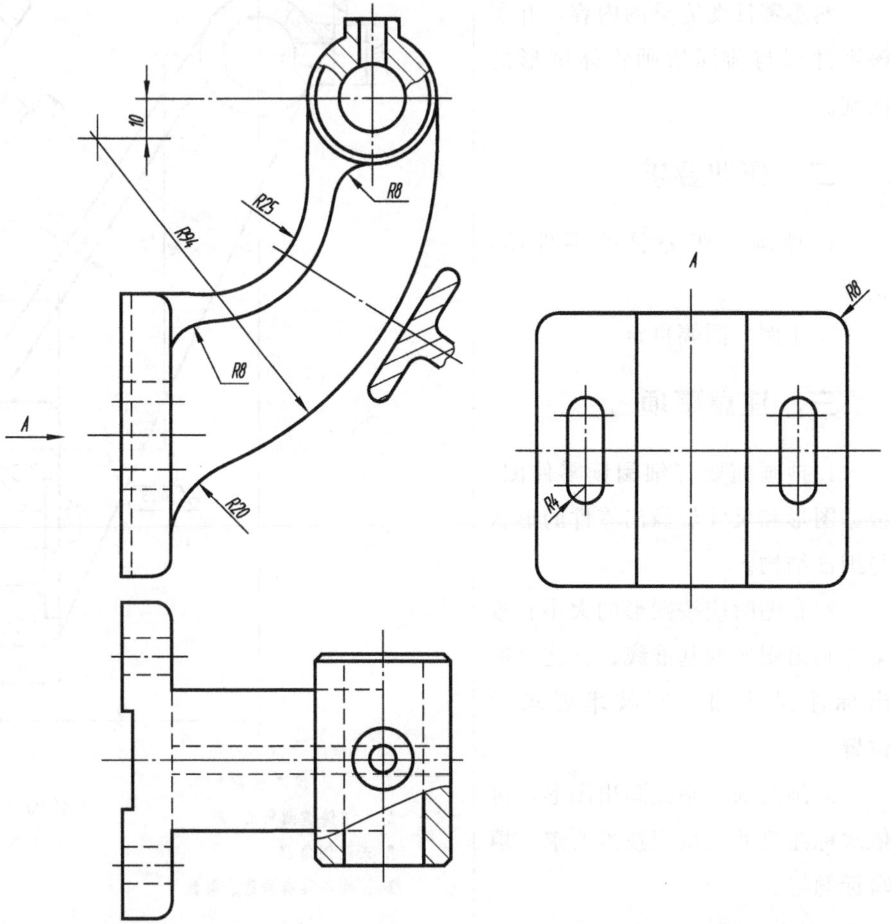

9-5 第五次作业——零件图

一、目的

熟悉零件图完整的内容，并了解零件图与前面所画物体图形的区别。

二、作业要求

1. 抄画一张完整的零件图：支架。
2. 比例、图幅自定。

三、注意事项

1. 抄画前要仔细阅读零件图，根据图形和尺寸想像出零件的形状与细部结构。
2. 布图时应按图形的大小和数量先画出图形的基准线，并注意留出标注尺寸和注写技术要求的位置。
3. 画图顺序是先画出图形，再依次标注尺寸，填写技术要求，填写标题栏。

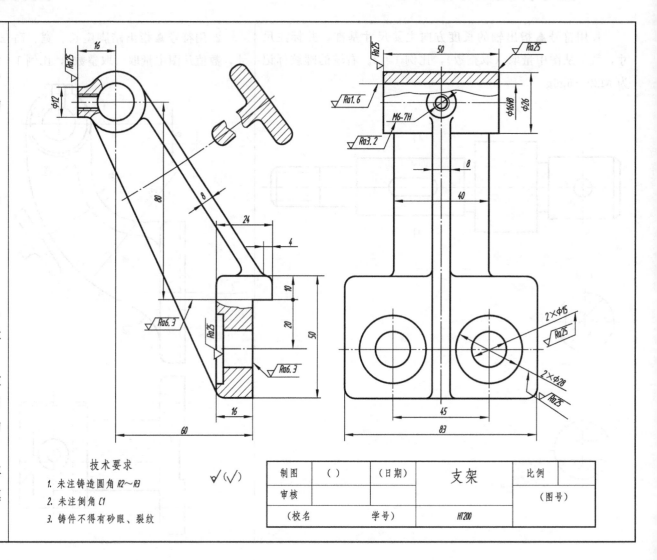

9-6 读零件图 参阅球阀轴测装配图,了解阀杆、阀盖和阀体在部件中的作用、工作位置和结构形状 【课堂讨论互动】

"阀"是管道系统中用来启闭或调节流体流量的部件,"球阀"是"阀"的一种,它的阀芯是球形的。右图为球阀轴测装配图,由13种零件组成,其中螺柱6和螺母7是标准件。阀体1和阀盖2均带有方形凸缘,用四个双头螺柱6和螺母7联接,并用合适的调整垫5调节阀芯4与密封圈3之间的松紧程度。在阀体上部有阀杆12,阀杆下部有凸块,榫接阀芯4上的凹槽。在阀体与阀杆之间加填料垫8、填料9和10,并旋入填料压紧套11。

图示阀芯4的位置是阀门全部开启,管道畅通。当扳手13按顺时针方向旋转90°,阀门全部关闭,管道断流。

参照轴测装配图识读球阀中的主要零件阀杆、阀盖和阀体填空回答问题。

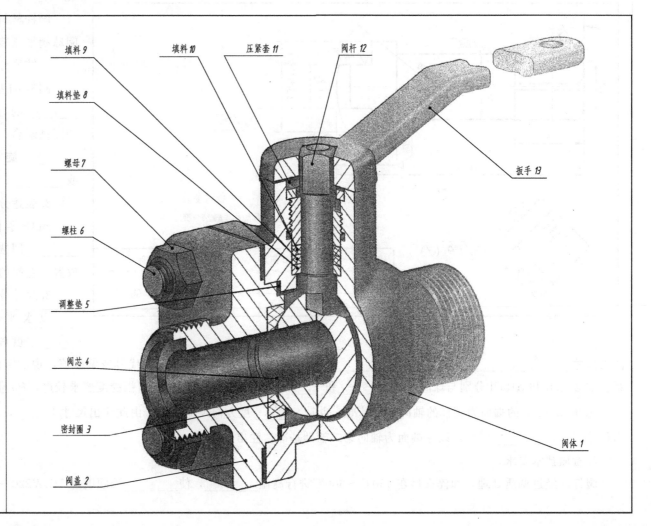

第九章 零件图与装配图

9-6（续1）

阀杆材料为40Cr，属于回转体类零件，参阅球阀轴测装配图回答下列问题：

1. 结构分析

阀杆的左端为带有圆角的四棱柱体，与_____的方孔配合，右端的凸榫与_____的凹槽配合；阀杆的作用是通过转动扳手带动_____旋转，以控制球阀的_____或_____。

2. 表达分析

阀杆零件图由一个_____图和一个_____图表达。主视图按_____位置水平放置，左端的四棱柱体采用_____表示。

3. 尺寸分析

以水平轴线为径向尺寸基准，也是_____度和_____度方向尺寸基准，由引注出尺寸_____、_____、_____、_____等。凡是尺寸数字后面有公差代号或偏差值，说明零件该部分与其他零件有_____关系。如 $\phi14c11$ 和 $\phi18c11$ 分别与球阀中的_____和_____有配合关系，所以表面粗糙度要求较严，Ra 值为_____。

选择 $Ra12.5$ 的端面为阀杆的轴向尺寸基准，也是_____度方向尺寸基准，由此注出尺寸 $12_{-0.27}^{0}$，以右端面为轴向第一辅助基准，注出尺寸_____、_____，以左端面为轴向第二辅助基准，注出尺寸_____。

4. 看懂技术要求

阀杆应经过调质处理，即淬火后在 450℃～600℃ 进行高温_____，使_____氏硬度达 HBW220～250，以提高材料的韧性和强度。

9-6（续2）

阀盖材料为＿＿＿＿＿＿，属于回转体类零件。

1. 结构分析

对照球阀轴测装配图，阀盖通过＿＿＿＿＿＿与阀体连接，中间的通孔与＿＿＿＿＿＿的通孔对应。为了防止流体泄漏，阀盖与阀体之间装有＿＿＿＿＿＿垫，与阀芯之间装有＿＿＿＿＿＿圈。

2. 表达分析

主视图采用＿＿＿＿＿＿，表示阀盖两端的阶梯孔以及右端的圆形凸缘和左端的外螺纹。选用轴线水平放置，既符合＿＿＿＿＿＿位置，又符合阀盖在阀体中的＿＿＿＿＿＿位置。左视图用外形视图表示带圆角的＿＿＿＿＿＿形凸缘及其四个角上的＿＿＿＿＿＿孔。

3. 尺寸分析

以轴孔的轴线为＿＿＿＿＿＿向尺寸基准，由此注出阀盖各部分同轴线的直径尺寸。以阀盖的重要端面（◁符号处）为＿＿＿＿＿＿度方向尺寸基准，由此注出尺寸＿＿＿＿＿＿、＿＿＿＿＿＿以及＿＿＿＿＿＿、＿＿＿＿＿＿等。以阀盖前后对称面为＿＿＿＿＿＿度方向尺寸基准，以阀盖的上下对称面为＿＿＿＿＿＿度方向尺寸基准，注出带圆角的方形凸缘的外形尺寸＿＿＿＿＿＿，四个通孔的定位尺寸＿＿＿＿＿＿。

4. 看懂技术要求

阀盖是铸件，需进行＿＿＿＿＿＿处理，消除＿＿＿＿＿＿。注有尺寸公差的 $\phi 50h11$，对照球阀轴测装配图可看出，与＿＿＿＿＿＿有配合关系，但由于相互之间没有相对运动，所以表面粗糙度要求不严，Ra 值为＿＿＿＿＿＿。作为长度方向主尺寸基准的端面相对阀盖水平轴线的垂直度位置公差为＿＿＿＿＿＿。

9-6（续3）

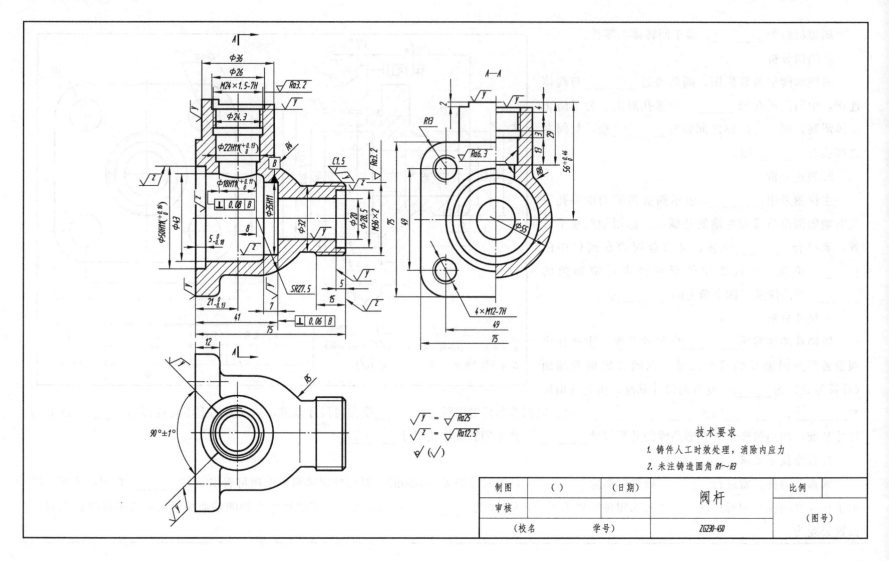

9-7 读零件图（一）

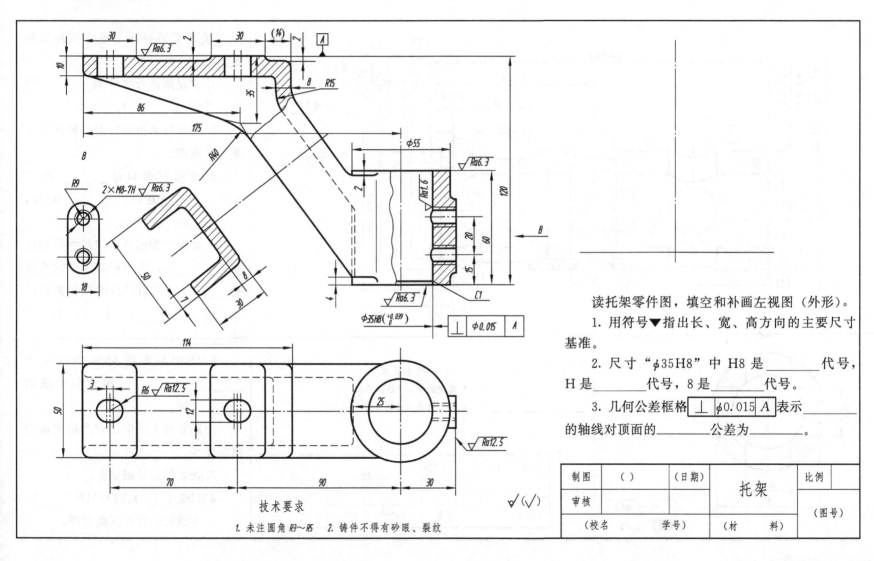

读托架零件图，填空和补画左视图（外形）。

1. 用符号▼指出长、宽、高方向的主要尺寸基准。
2. 尺寸"$\phi 35H8$"中 H8 是 _____ 代号，H 是 _____ 代号，8 是 _____ 代号。
3. 几何公差框格 ⊥ $\phi 0.015$ A 表示 _____ 的轴线对顶面的 _____ 公差为 _____ 。

9-8 读零件图（二）

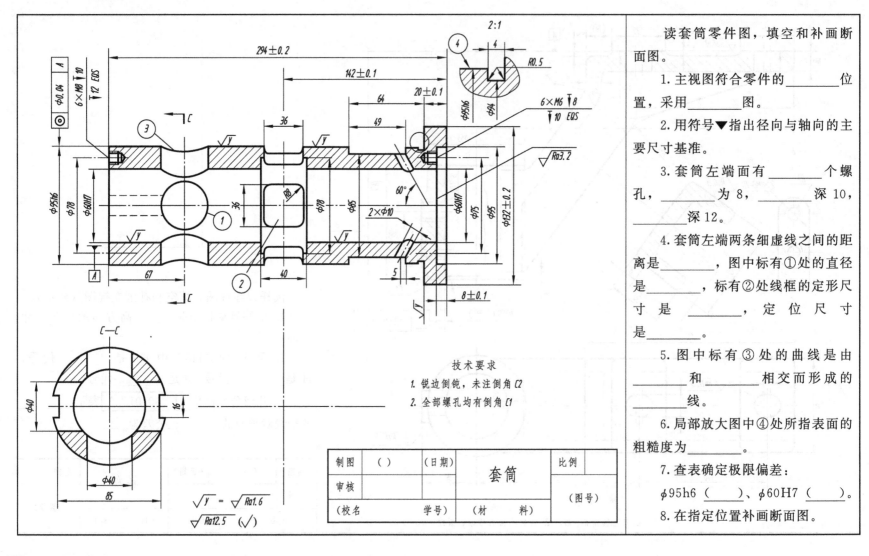

读套筒零件图，填空和补画断面图。

1. 主视图符合零件的_____位置，采用_____图。
2. 用符号▼指出径向与轴向的主要尺寸基准。
3. 套筒左端面有_____个螺孔，_____为8，_____深10，_____深12。
4. 套筒左端两条细虚线之间的距离是_____，图中标有①处的直径是_____，标有②处线框的定形尺寸是_____，定位尺寸是_____。
5. 图中标有③处的曲线是由_____和_____相交而形成的_____线。
6. 局部放大图中④处所指表面的粗糙度为_____。
7. 查表确定极限偏差：φ95h6（_____）、φ60H7（_____）。
8. 在指定位置补画断面图。

9-9 第六次作业——零件图

一、目的
掌握绘制零件图的方法和步骤，能采用恰当的一组图形（视图、剖视图、断面图）来完整、清晰地表达该零件。

二、作业要求
根据轴测图在 A3 图纸上用比例 1∶1 绘制阀体或支架的零件图，并标注尺寸。

三、注意事项
完整清晰地标注尺寸和公差，正确标注零件的工艺结构尺寸（倒角、退刀槽、圆角等）以及表面粗糙度。

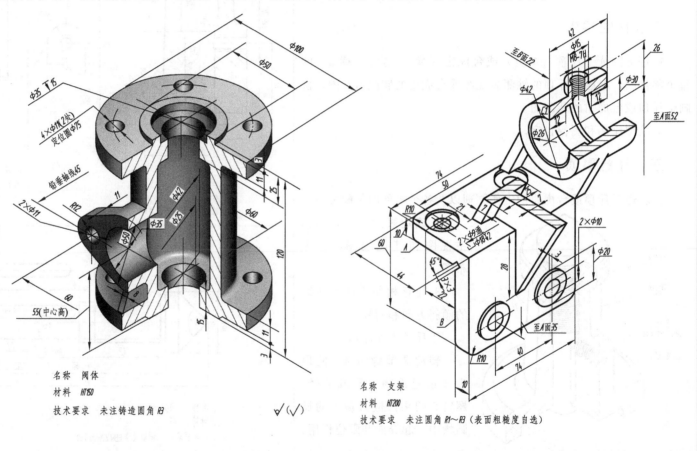

9-10 第七次作业——由零件图画装配图

一、目的

熟悉和掌握装配图的内容及其表达方法。

二、作业要求

1. 仔细阅读千斤顶（本页）或台虎钳（续1、续2、续3）的每个零件图，参照千斤顶的轴测装配图或台虎钳的装配示意图，拼画千斤顶或台虎钳的装配图。
2. 绘图比例和图幅自定。

三、注意事项

1. 看懂千斤顶或台虎钳的工作原理以及各个零件的装配关系。

2. 确定表达方案，选择主视图和其他视图，合理布图。

3. 注意相邻零件剖面线的倾斜方向和间隔。

千斤顶工作原理

转动调节螺母4，使顶尖3顶起重物上升或下降。螺钉2的头部嵌入顶尖的长圆槽中，起导向和限位作用。

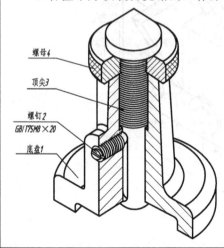

螺母4
顶尖3
螺钉2 GB/T75 M8×20
底盘1

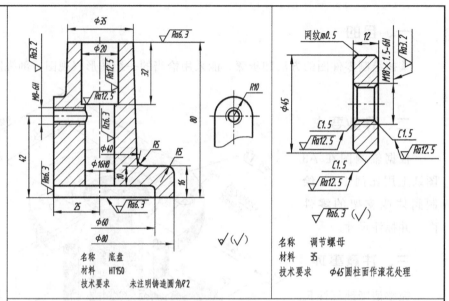

名称 底盘
材料 HT150
技术要求 未注明铸造圆角R2

名称 调节螺母
材料 35
技术要求 φ45圆柱面作滚花处理

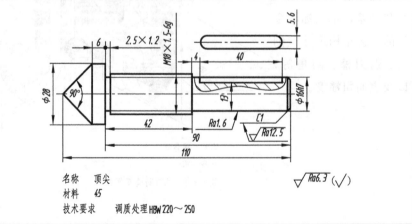

名称 顶尖
材料 45
技术要求 调质处理HBW220～250

9-10（续1）

台虎钳

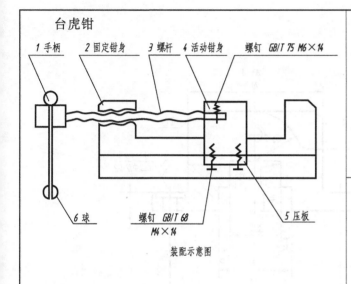

装配示意图

工作原理

台虎钳是用来夹紧工件以便进行加工的夹具。当顺时针方向转动手柄1时，螺杆3通过螺纹沿其轴线向右移动，从而推动活动钳身4右移夹紧工件；反之，当逆时针方向转动手柄时，螺杆带动活动钳身左移，从而放松工件。

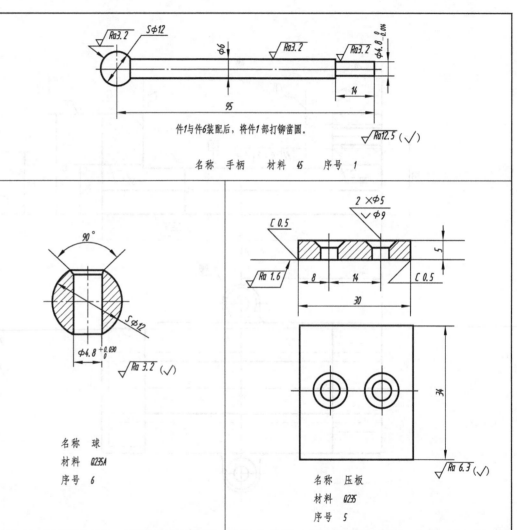

9-10（续2）

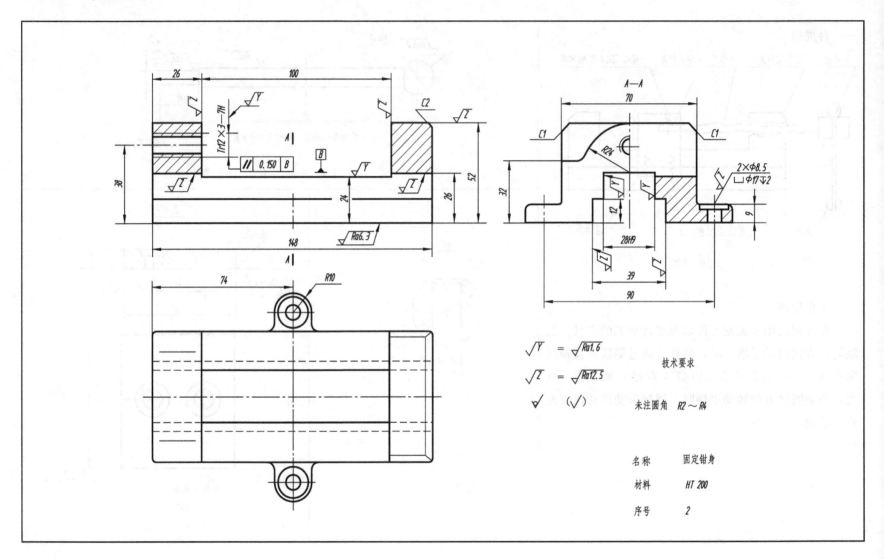

9-10（续3）

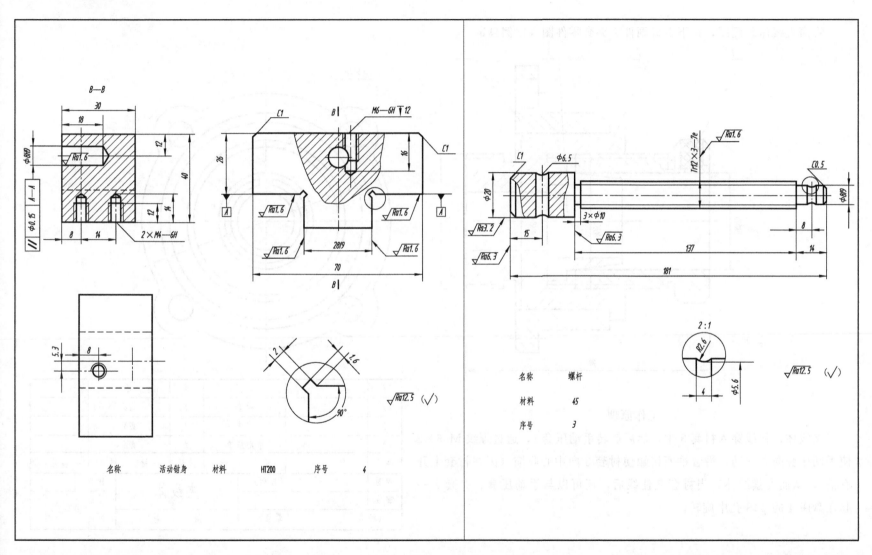

9-11 读装配图（一）

看懂夹线体装配图，在下页拆画件2夹套零件图（比例自定）

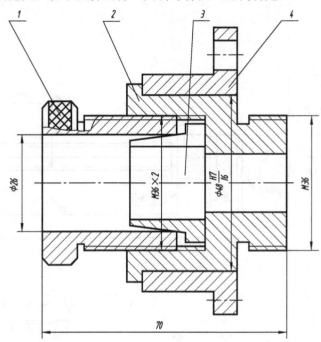
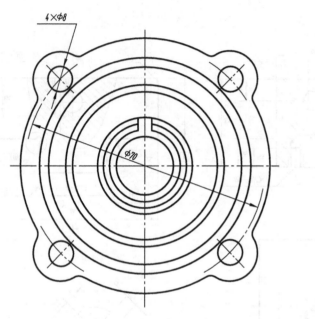

工作原理

夹线体是将线穿入衬套3中，然后旋转手动压套1，通过螺纹 M36×2 使手动压套向右移动，沿着锥面接触使衬套3向中心收缩（因在衬套上开有槽），从而夹紧线体，当衬套夹住线后，还可以与手动压套、夹套2一起在盘座4的 φ48 孔中旋转。

4		盘座	1	45	
3		衬套	1	Q235	
2		夹套	1	Q235	
1		手动压套	1	Q235	
序号	代　号	名　　称	数量	材　料	备注
制图	（　　）	（日期）	夹线体		比例
审核					（图号）
（校名）	学号）	（质　　量）			

9-11（续）

9-12 读装配图（二）

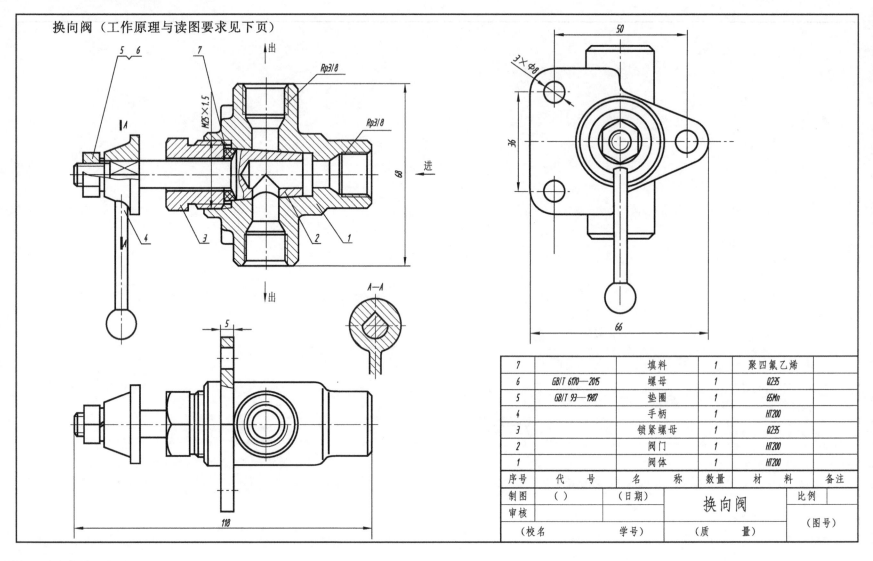

9-12（续）

工作原理

换向阀用于流体管路中控制流体的输出方向。在上页图中所示情况下，流体从右边进入，从下出口流出。当转动手柄4，使阀芯2旋转180°时，下出口不通，流体从上出口流出。根据手柄转动角度大小，还可以调节出口处的流量。

读图要求

1. 本装配图共用＿＿＿＿个图形表达，A—A 断面表示＿＿＿＿和＿＿＿＿之间的装配关系。

2. 换向阀由＿＿＿＿种零件组成，其中标准件有＿＿＿＿种。

3. 换向阀的规格尺寸为＿＿＿＿，图中标记 $Rp3/8$ 的含义是：Rp 是＿＿＿＿代号，它表示＿＿＿＿螺纹，3/8 是＿＿＿＿代号。

4. $3×\phi 8$ 孔的作用是＿＿＿＿，其定位尺寸称为＿＿＿＿尺寸。

5. 锁紧螺母的作用是＿＿＿＿＿＿＿＿＿＿。

6. 拆画零件1阀体或零件2阀芯零件图。

9-13 读装配图（三）【课堂讨论互动】

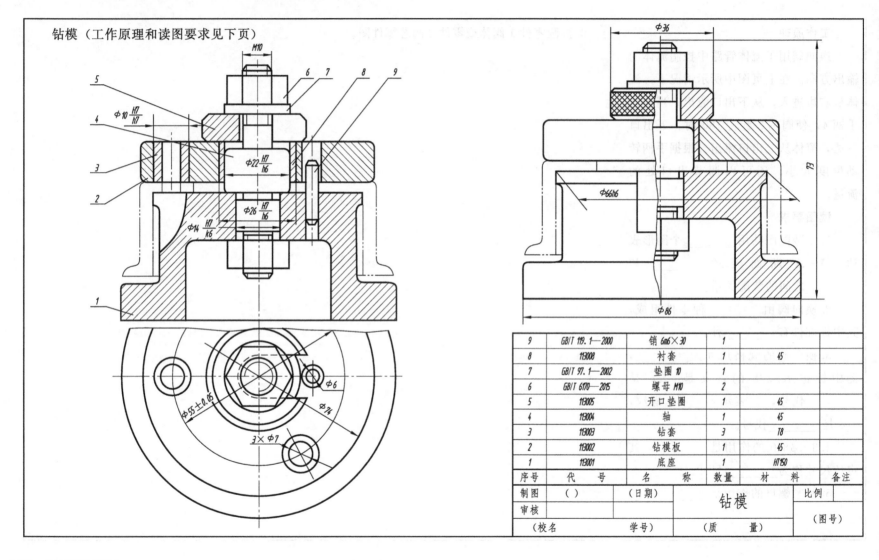

9-13（续）

工作原理

钻模是在钻床上钻孔用的夹具，该钻模用于对工件中孔的加工。将工件放在件 1 底座上（图中细双点画线所示），装上件 2 钻模板。钻模板通过件 9 圆柱销定位后，再放置件 5 开口垫圈，并用件 6 螺母压紧。钻头通过件 3 钻套的内孔，准确地在工件上钻孔。

读图要求

1. 钻模由_____种零件组成，其中标准件有_____种。

2. 主视图采用_____图，俯视图采用_____视图，左视图采用_____图。

3. 件 1 底座侧面弧形槽的作用是：_____，共有_____个槽。

4. φ22H7/h6 是件_____与件_____的_____尺寸。件 4 的公差带代号为_____，件 8 的公差带代号为_____。

5. φ22H7/h6 表示件_____与件_____是_____制_____配合。

6. φ66h6 是_____尺寸，φ86、73 是_____尺寸。

7. 件 4 与件 1 是_____配合，件 3 与件 2 是_____配合。

8. 被加工件采用_____画法表示。

9. 拆卸工件时应先旋松_____号件，再取下_____号件，然后取下钻板模，取出被加工的零件。

10. 拆画件 1 底座的零件草图或零件图（只注尺寸线，不注尺寸数字）。

第十章 零部件测绘

10 第八次作业——零部件测绘（安全阀）

一、目的

熟悉零部件的测绘过程，掌握零件测绘及画零件草图的方法，提高图样的综合表达能力。

二、工作原理

安全阀（图1）是一种安装在供油管路中的安全装置。正常工作时，阀门2靠弹簧4的压力处于关闭位置，油从阀体1左端孔流入（图2），经下端孔流出。当油压超过允许压力时，阀门被顶开，过量油就从阀体和阀门开启后的缝隙间经阀体右端孔管道流回油箱，从而使管路中的油压保持在允许范围内，起到安全保护作用。

调整螺杆8可调整弹簧压力，为防止螺杆松动，其上端用螺母10锁紧。

三、作业要求

1. 测绘阀盖6，画出零件草图（尺寸数值参考图3）。
2. 按比例2∶1在A3图纸上画出阀盖零件工作图。
3. 根据安全阀的轴测装配图（图1）和示意图（图2），按比例2∶1在A2图纸上画出安全阀的装配图（安全阀的其他零件图见下面的两页）。

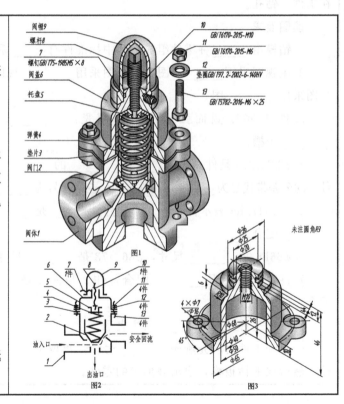

10-1（续1）

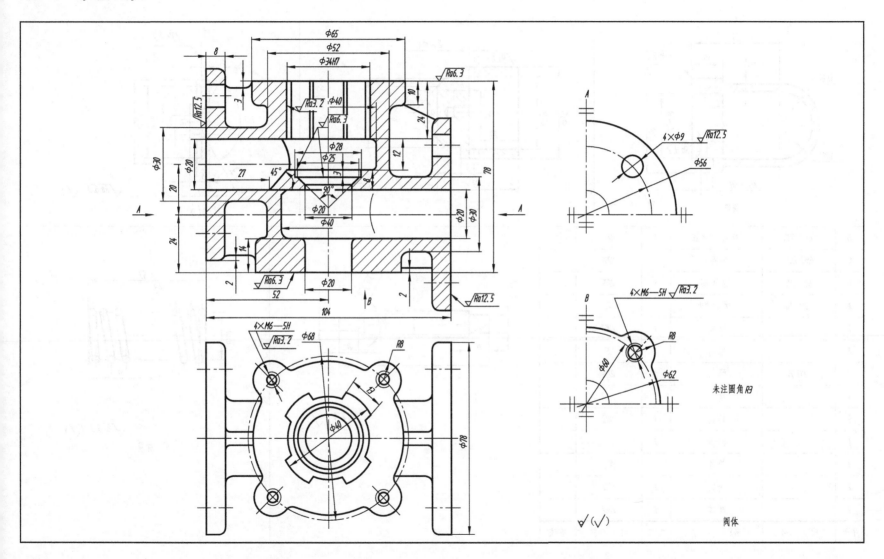

阀体

10-1（续2）

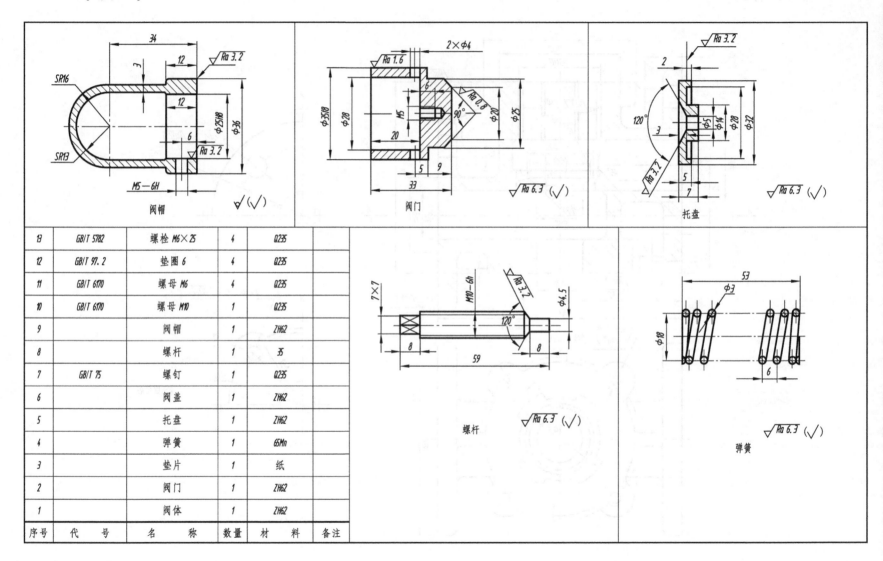

参 考 文 献

[1] 王幼龙.机械制图习题集.北京：高等教育出版社，2006.
[2] 王晨曦.机械制图习题集.北京：北京邮电大学出版社，2012.
[3] 娄琳.机械制图习题集.北京：人民邮电出版社，2009.
[4] 王冰.机械制图习题集.北京：机械工业出版社，2010.